J. Joubert

Cours Élémentaire d'Électricité

Masson & Cie Editeurs

COURS ÉLÉMENTAIRE

D'ÉLECTRICITÉ

5270-99. — Corbeil. Imp. Ed. Crété.

COURS ÉLÉMENTAIRE
D'ÉLECTRICITÉ

A L'USAGE

DES CLASSES DE L'ENSEIGNEMENT SECONDAIRE

PAR

J. JOUBERT

INSPECTEUR GÉNÉRAL DE L'INSTRUCTION PUBLIQUE

---

144 figures dans le texte.

TROISIÈME ÉDITION REVUE ET CORRIGÉE

PARIS

MASSON ET Cie, ÉDITEURS

120, Boulevard Saint-Germain

—

1899

COURS ÉLÉMENTAIRE
D'ÉLECTRICITÉ

CHAPITRE PREMIER

PHÉNOMÈNES FONDAMENTAUX.

1. Électrisation par frottement. — Certains corps tels que l'ambre[1], le verre, la résine, etc., acquièrent par le frottement[2] un état particulier, caractérisé par la propriété d'attirer les corps légers[3]; en outre, à quelque distance du visage, ils donnent la sensation qu'on éprouve au contact d'une toile d'araignée; plus près encore, ils laissent échapper de petites étincelles avec

1. Nous citons l'ambre en premier lieu, parce que c'est le premier corps sur lequel on ait reconnu ces propriétés. Son nom grec *électron* (ἤλεκτρον) a servi à former le mot *électricité* et ses congénères.

2. On frotte ordinairement le verre avec un morceau de drap bien sec, la résine et le caoutchouc avec une peau de chat; on peut frotter également avec la main à la condition qu'elle soit sèche. On obtient des effets très marqués avec une feuille de papier séchée au feu et frottée avec du drap bien sec.

3. On peut prendre comme corps légers de petits morceaux de papier, des balles en moelle de sureau. On a un appareil très sensible en suspendant une balle de sureau à l'extrémité d'un fil (*fig.* 1) ou en la fixant à l'extrémité d'une aiguille légère de paille ou de verre, mobile sur un pivot vertical. Ces deux petits instruments sont connus sous le nom de pendule électrique et d'aiguille électrique.

un crépitement particulier. On dit alors qu'ils sont *électrisés*, et on donne le nom d'*électricité* à la cause, inconnue d'ailleurs, de ces phénomènes.

La plupart des autres corps ne donnent rien si on les tient à la main; mais ils s'électrisent par le frottement, si on les tient par un manche de verre ou de résine. Ainsi un cylindre de cuivre tenu par un manche de verre et frappé avec une peau de chat[1] attire vivement les corps légers. Il en serait de même d'un morceau de bois. On peut donc dire que tous les corps, au moins les corps solides, peuvent s'électriser par le frottement.

2. Bons et mauvais conducteurs. — Il y a entre les corps de la première catégorie et ceux de la seconde une différence essentielle. Le morceau de verre frotté en un point n'attire les corps légers que par ce point; le morceau de métal, frappé en un point, les attire par tous ses points. Réciproquement, touché avec le doigt en un point, le bâton de verre électrisé ne perd son électricité qu'au point touché; le morceau de métal électrisé la perd simultanément en tous ses points.

Pour les corps de la première catégorie, l'électricité reste donc localisée au point où elle a été développée, sans pouvoir cheminer d'un point à un autre; pour ceux de la seconde, au contraire, elle peut avec la plus grande facilité passer d'un point aux points voisins. C'est ce qu'on exprime en disant que les corps de la deuxième catégorie sont *bons conducteurs de l'électricité* et les corps de la première, *mauvais conducteurs*.

3. Communication de l'électricité par contact. — Non seulement l'électricité se répand dans toute l'étendue d'un conducteur, mais aussi sur un second conducteur, tenu par un manche de verre par exemple, et qu'on

1. Avec un métal, on réussit mieux en frappant légèrement qu'en frottant avec la peau de chat.

met en communication avec le premier. Les deux conducteurs, séparés ensuite, sont tous deux électrisés.

De là un second moyen d'électriser un corps conducteur : le mettre un instant, en le tenant par un manche de verre, en contact avec un corps déjà électrisé. La communication de l'électricité de l'un à l'autre est toujours accompagnée d'une étincelle qui se produit un peu avant que le contact réel ait lieu.

4. Supports isolants. — Le corps humain et la plupart des matériaux qui constituent le sol, les métaux, le bois, les diverses espèces de pierres, appartiennent à la classe des bons conducteurs. Quand on frotte une barre de métal tenue à la main, l'électricité développée se répand sur la barre, sur le corps de l'opérateur, sur le sol, en réalité sur un conducteur indéfini ; la quantité ne peut être qu'insensible en chaque point. L'interposition d'un corps mauvais conducteur limite le conducteur et l'*isole* de tous les autres[1].

On se sert le plus souvent de supports isolants en verre. Le verre n'isole bien que par les temps secs ; par les temps humides, la surface du verre condense la vapeur d'eau contenue dans l'air et devient conductrice. La paraffine isole mieux, mais elle manque de solidité[2].

L'air appartient nécessairement à la classe des isolants, puisqu'un corps peut rester électrisé au milieu de l'air. Il en est de même de tous les gaz et de toutes les vapeurs, y compris la vapeur d'eau.

1. On voit pourquoi il suffit de toucher avec le doigt un conducteur électrisé pour lui faire perdre toute son électricité. C'est ce qu'on appelle mettre le conducteur en communication avec le sol.

2. Une expérience intéressante consiste à faire monter une personne sur un tabouret muni de pieds isolants. Frappée au moyen d'une peau de chat par une autre personne, elle s'électrise et devient capable d'attirer les corps légers et de donner des étincelles.

5. Attractions et répulsions électriques. — Deux espèces d'électricités. — Soit un pendule formé d'une balle de sureau soutenue par un fil isolant, un fil de soie par exemple (*fig.* 1). Approchons un corps électrisé, la

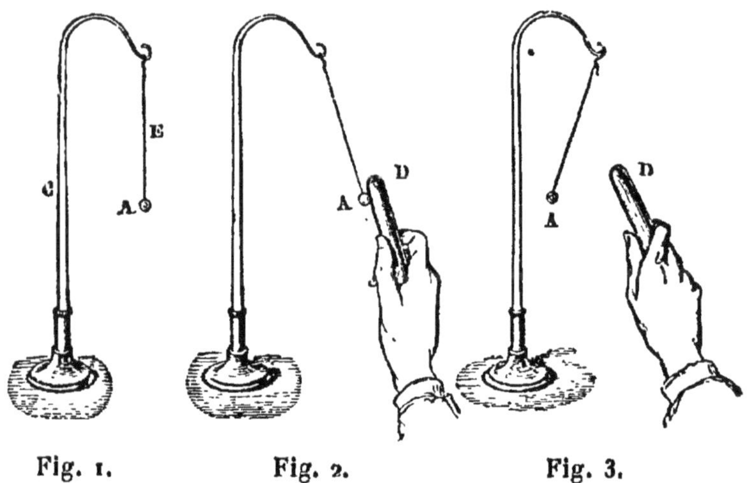

Fig. 1. Fig. 2. Fig. 3.

balle est attirée (*fig.* 2); mais si on la laisse venir au contact du corps électrisé et partager son électricité, elle est ensuite vivement repoussée et fuit obstinément le corps électrisé (*fig.* 3).

Répétons l'expérience sur deux pendules, A et B; sur le pendule A, avec un bâton de verre frotté par du drap, sur le pendule B, avec un bâton de résine frotté par une peau de chat.

On constate que le pendule A qui a partagé l'électricité du verre et qui est repoussé par lui, est attiré par la résine électrisée, et que le pendule B qui a partagé l'électricité de la résine et est repoussé par elle, est attiré par le verre électrisé. L'état du verre n'est donc pas le même que celui de la résine; en d'autres termes, l'électricité du verre et celle de la résine sont *d'espèces différentes*. L'expérience montre d'ailleurs que tout autre corps électrisé se comporte vis-à-vis des deux pendules A et B, ou comme le verre ou comme la résine : il attire l'un et repousse l'autre. On en conclut qu'il y a *deux espèces d'électricités et qu'il n'y en a que deux.* Pour les distinguer nous appellerons électricité *positive* celle du verre et électricité *négative* celle de la résine.

Nous sommes finalement conduits à la loi fondamentale suivante : *Deux corps chargés de même électricité se repoussent et deux corps chargés d'électricités contraires s'attirent*[1].

6. Loi de Coulomb. — Unité d'électricité. — Des procédés simples permettent de mesurer l'action qui s'exerce entre deux petites sphères électrisées, deux balles de sureau, par exemple, action répulsive ou attractive suivant qu'elles sont chargées de même électricité ou d'électricités contraires. On constate que pour des charges données, l'action *varie en raison inverse du carré de la distance*, c'est-à-dire qu'à une distance de 2, 3... centimètres, elle est 4 fois, 9 fois... plus petite qu'à un centimètre. Pour une distance donnée, elle varie d'ailleurs avec la charge des balles. Si la charge d'une des sphères restant invariable, ainsi que la distance, on fait varier la charge de l'autre de manière que l'action devienne 2, 3, 4 fois plus grande on dira que pour celle-ci la *quantité d'électricité* ou la *masse électrique* est devenue 2, 3, 4 fois plus grande.

On est par suite conduit à prendre comme *unité de quantité d'électricité* ou de *masse électrique*, celle que doit posséder une petite sphère pour qu'agissant sur une sphère égale, également chargée et placée à un

1. Deux parties mobiles d'un même conducteur électrisé se repoussent comme chargées de même électricité. Ainsi deux balles de sureau suspendues aux extrémités d'un fil conducteur plié en deux et en communication avec un conducteur électrisé, diver-

centimètre de distance, elle la repousse avec une force égale à l'unité, c'est-à-dire à une dyne.

Il résulte de cette définition de la masse et de la loi de la distance, que si m et m' représentent les charges des deux sphères et r leur distance en centimètres, l'action f qui s'exerce entre elles, exprimée en dynes, a pour valeur

$$f = \frac{mm'}{r^2},$$

cette action étant répulsive ou attractive suivant que les deux charges sont de même signe ou de signes contraires. C'est la loi de Coulomb.

Nous emploierons plus souvent, sous le nom *d'unité pratique*, une autre unité appelée *coulomb*, laquelle est un multiple de la première et correspond à une quantité d'électricité 3.10^9 fois plus grande [2].

Bien que nous ne connaissions rien de la nature de l'électricité, nous sommes donc en état de mesurer, par l'action qu'elle est capable d'exercer, une quantité d'électricité.

Nous verrons plus loin (9) que des quantités d'électricité de même espèce s'ajoutent comme s'il s'agissait d'un corps matériel, sans augmentation ni diminution et que des masses électriques de noms contraires se

gent (*fig.* 14). C'est la même raison qui fait épanouir un plumet formé de bandes de papier léger et redresser les cheveux d'une personne placée sur un tabouret isolant et électrisée.

2. La quantité d'électricité qui correspond au coulomb est immensément plus grande que celle qui correspond à l'unité fondamentale CGS. On s'en fera une idée en remarquant que deux sphères chargées chacune d'un coulomb et placées à 1 kilomètre de distance se repousseraient avec une force de $\frac{9.10^{18}}{10^{10}} = 9.10^8$ dynes ou environ 900 kilogrammes.

comportent comme des quantités de même espèce mais de signes contraires et qu'elles s'ajoutent à la manière des quantités algébriques. Ainsi, deux charges, égales en valeur absolue, l'une positive, l'autre négative, s'annulent si on les réunit. Réciproquement, deux charges qui, réunies, s'annulent, sont égales en valeur absolue et de signes contraires; on les appelle *charges équivalentes.*

7. Développement simultané des deux électricités. — Dans l'électrisation par frottement, le corps frottant et le corps frotté sont tous deux électrisés; l'expérience montre que l'un prend une charge positive, l'autre une charge négative, et que ces deux *charges de signes contraires sont équivalentes.*

L'expérience peut se faire au moyen de deux disques, l'un de verre, l'autre de métal, le disque de métal étant isolé (*fig.* 4). Frottés l'un contre l'autre, le disque de verre prend une charge positive, le disque de métal une charge négative; maintenus en contact, ils n'ont aucune action sur un pendule et se comportent comme un corps à l'état neutre; mais l'électrisation devient manifeste dès qu'on les sépare.

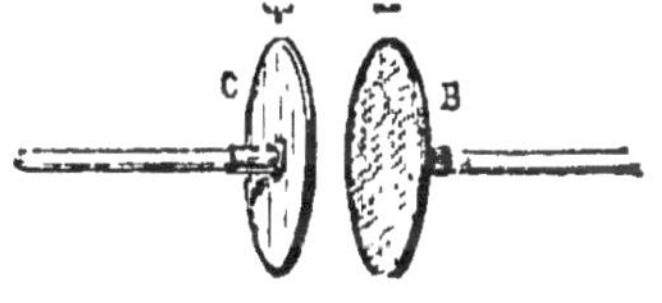

Fig. 4.

Les deux électricités se présentent donc, dans le frottement de deux corps, comme des manifestations complémentaires qui ne peuvent exister l'une sans l'autre.

C'est un premier exemple d'une loi absolument générale : *On ne peut produire ou détruire une quantité quelconque d'électricité, sans produire ou détruire une quantité équivalente d'électricité contraire.*

CHAPITRE II

DISTRIBUTION DE L'ÉLECTRICITÉ.

8. Localisation de l'électricité à la surface extérieure des conducteurs. — *Dans un conducteur en équilibre, l'électricité n'existe jamais qu'à la surface extérieure.*

Voici les principales expériences qui permettent de vérifier cet important théorème :

1° Une sphère isolée A étant chargée d'électricité, on la recouvre de deux hémisphères B et C de plus grand diamètre tenus par des manches isolants. Une fois les hémisphères réunis, on les abaisse de manière à toucher la sphère en un point, puis on les relève et on les sépare en évitant tout contact avec la sphère : on trouve les deux hémisphères électrisés et la sphère à l'état neutre. Au moment du contact, les hémisphères et la sphère formaient un conducteur unique et toute l'électricité a passé sur la surface extérieure.

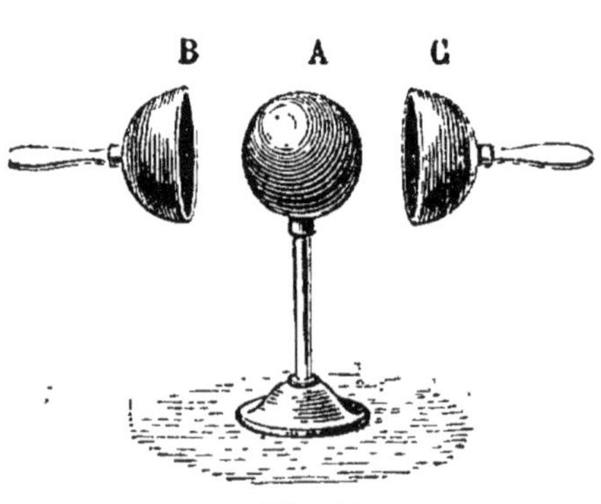

Fig. 5.

2° Un conducteur creux de forme quelconque présente une ouverture permettant d'introduire dans la cavité une *sphère d'épreuve* (*fig.* 6). On appelle ainsi un petit appareil formé d'une balle de sureau fixée à l'extrémité d'une tige de verre. Le conducteur étant électrisé, si on touche avec la sphère un point de la surface extérieure, on l'emporte chargée d'électricité ; au contraire, si à travers l'ouverture, on touche un point de la surface intérieure, on retire toujours la sphère d'épreuve à l'état neutre.

3° Faraday avait fait construire une chambre à parois conductrices supportée par des pieds isolants et assez grande pour qu'un observateur pût s'y enfermer avec des appareils. Quelque charge qu'on donnât à la chambre, il était impossible, à l'intérieur, de constater la moindre trace d'électricité sur la surface, ni de déceler avec les instruments les plus délicats la moindre action électrique.

Fig. 6.

Il n'est pas nécessaire que la surface du conducteur soit parfaitement continue. L'expérience de Faraday peut se répéter avec une cage d'oiseau par exemple, formée d'un simple grillage. En suspendant au contact de la paroi, à l'intérieur et à l'extérieur, des balles de sureau, on voit les pendules extérieurs diverger, tandis que les pendules intérieurs restent immobiles [1].

9. Cylindre de Faraday. — Cette propriété de l'électricité de se porter toujours à la surface extérieure des conducteurs va nous fournir un instrument précieux pour la mesure des charges électriques.

Considérons la sphère creuse de la figure 6. Si on introduit dans la cavité un conducteur électrisé, une sphère d'épreuve A par exemple, et qu'on la mette en communication avec les parois, toute l'électricité pas-

1. La cage mise en communication avec une source puissante pourrait donner de fortes étincelles à l'extérieur; un oiseau placé à l'intérieur ne sentirait absolument rien, même s'il s'appuyait contre les barreaux.

sera sur la surface extérieure. Qu'on recommence l'expérience, la nouvelle charge viendra sur la surface se superposer à la première. On pourra mesurer chaque fois l'action exercée par la sphère sur une balle de sureau électrisée placée à une distance fixe. L'expérience montre que si on répète l'opération avec des charges égales, l'action et par suite la charge devient double après la seconde, triple après la troisième, et ainsi de suite ; et que si on introduit des charges de signes contraires, la charge, telle qu'elle se déduit de l'action exercée, est de même grandeur et de même signe que leur somme algébrique. Supposons par exemple qu'on ait introduit successivement, dans un ordre quelconque, 10 charges de même valeur absolue, 6 positives et 4 négatives, la charge finale sera positive et égale à 2.

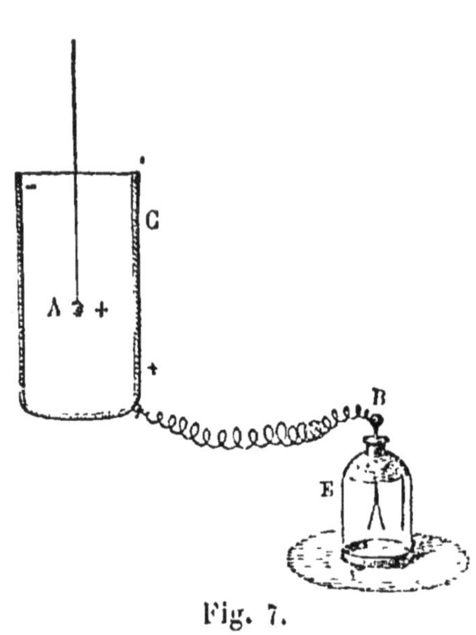

Fig. 7.

Pour la mesure courante des charges, on remplace la sphère par un cylindre, et on a l'appareil connu sous le nom de *cylindre de Faraday*.

Pour juger de la charge de la surface du cylindre, on met celui-ci en communication avec un électroscope. Cet appareil (*fig.* 7) se compose essentiellement d'une tige isolée terminée à sa partie supérieure par un bouton B et à sa partie inférieure par deux feuilles d'or qui pendent parallèlement tant qu'elles sont à l'état neutre, mais qui divergent dès qu'elles sont électrisées (5).

L'instrument peut être gradué une fois pour toutes en déterminant les écarts qui correspondent à des charges du cylindre qui soient entre elles comme les nombres 1, 2, 3, 4, 5[1]... Pour abréger le langage, nous conviendrons d'appeler écart double, triple... celui qui correspond à une charge double, triple...

10. Distribution de la couche superficielle. — Méthode du plan d'épreuve. — La méthode du *plan d'épreuve* de Coulomb, permet d'étudier facilement la distribution de la couche superficielle sur un conducteur quelconque. Le plan d'épreuve est un petit disque métallique d'un ou deux centimètres de diamètre tenu par une tige de verre. On applique le petit disque tangentiellement au point considéré de la surface; celui-ci se substitue momentanément à l'élément de surface qu'il recouvre et prend la quantité d'électricité qui était sur cet élément. Si on le retire alors bien normalement, il emporte la charge qu'il a reçue, et l'effet est le même que si l'on avait découpé sur la surface l'élément qu'il a recouvert et qu'on l'eût emporté avec sa charge. Il ne reste plus qu'à mesurer la charge du plan d'épreuve et c'est ce qu'on fait facilement en l'introduisant, comme il vient d'être dit, dans le cylindre de Faraday.

Pour comparer les charges en deux points A et B, on applique successivement le plan d'épreuve en ces deux points[2].

1. Pour avoir des charges égales de la sphère d'épreuve, il suffit de l'appliquer sur le bouton d'une bouteille de Leyde (32) dont l'armature extérieure est en communication avec le sol. On obtiendrait des charges égales et contraires avec un condensateur plan à armatures symétriques, en touchant successivement avec la balle chacune des armatures, l'autre armature étant au sol (34).

2. Pour tenir compte de la déperdition, on fait une première mesure en A, puis une seconde en B, et enfin une troisième en A,

L'expérience faite avec une sphère éloignée de tout autre conducteur, montre, comme l'indiquait la symétrie, que la charge est la même en tous les points.

Sur un ellipsoïde de révolution (*fig.* 8), la charge au pôle est à celle de l'équateur comme l'axe du pôle est à celui de l'équateur ; ainsi si les deux axes sont dans le rapport de 4 à 1, la première charge est 4 fois plus grande que la seconde. On exprime ce résultat en disant que la *densité* est 4 fois plus grande au pôle qu'à l'équateur.

On entend alors par *densité* la charge par unité de surface. Cette manière de parler correspond à la conception tout à fait symbolique qui consisterait à considérer l'électricité comme un corps matériel, réparti à la surface en une couche mince extrêmement mobile sous une épaisseur qui dépendrait en chaque point de la forme géométrique de cette surface.

Fig. 8.

On trouve ainsi que sur un conducteur quelconque, la densité est très petite ou nulle sur toutes les parties rentrantes, maximum au contraire sur toutes les parties proéminentes ou aiguës.

11. Pouvoir des pointes. — En même temps que la densité augmente en un point, une nouvelle propriété se manifeste en ce point : la tendance pour l'électricité d'abandonner le conducteur pour se porter sur les par-

en laissant écouler le même temps entre les contacts successifs; on compare la charge obtenue en B à la moyenne des charges obtenues en A.

ticules d'air environnantes. C'est ce qu'on appelle le *pouvoir des pointes*. Un conducteur muni d'une pointe ne peut garder d'électricité ; celle-ci s'échappe par la pointe, jusqu'à ce que le corps soit ramené à l'état neutre. Si le conducteur est en communication avec une source qui lui restitue sa charge d'une manière continue, l'écoulement de l'électricité est également continu et se manifeste par des phénomènes lumineux visibles dans l'obscurité et par un mouvement de l'air qu'on appelle le vent électrique. Si la pointe laisse échapper de l'électricité positive, elle donne lieu à une aigrette violacée visible seulement dans l'obscurité ; elle est terminée par une petite étoile brillante, quand l'électricité est négative. Quant au vent électrique, il est dû à la répulsion qui s'exerce entre la pointe électrisée

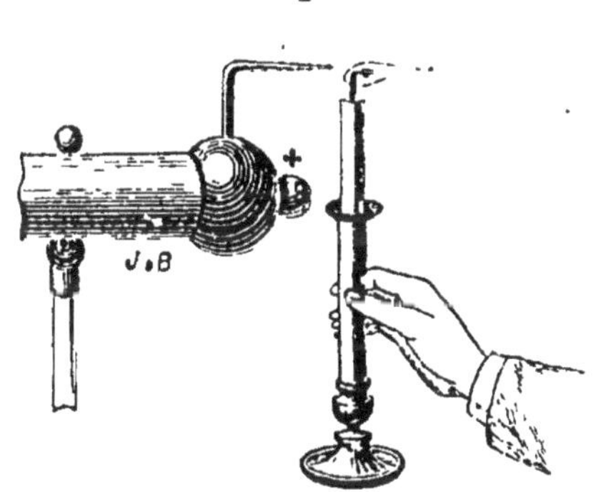

Fig. 9.

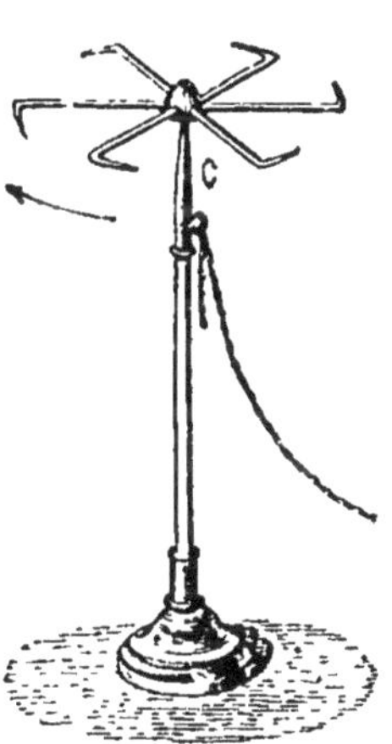

Fig. 10.

et les particules d'air sur lesquelles elle a déchargé son électricité. Le vent électrique peut souffler une bougie (*fig.* 9). Si la pointe est rendue mobile, elle tend à fuir en sens contraire ; telle est l'expérience du tourniquet électrique (*fig.* 10). L'appareil est formé d'une étoile mobile sur un pivot et dont les rayons terminés en pointe sont recourbés à angle droit tous dans le même sens ; la rotation a lieu dans le sens indiqué par les flèches.

CHAPITRE III

INFLUENCE ÉLECTRIQUE.

12. Électrisation par influence. — *Tout corps placé dans le voisinage d'un corps électrisé est lui-même électrisé.*

Soit, par exemple, une sphère de cuivre isolée, nous la frappons avec une peau de chat, elle s'électrise; en même temps tous les corps de la salle où l'on opère sont électrisés, les murs, les meubles, les personnes présentes. On dit qu'ils sont *électrisés par influence.*

Soit A le corps influençant, que nous supposerons chargé d'une quantité + M d'électricité positive. Nous avons, outre le corps électrisé, à considérer trois sortes de conducteurs (*fig.* 11) : 1° les parois de la salle, lesquelles constituent un conducteur fermé B; 2° des corps C en communication avec les parois; 3° des corps D isolés des parois par des corps mauvais conducteurs.

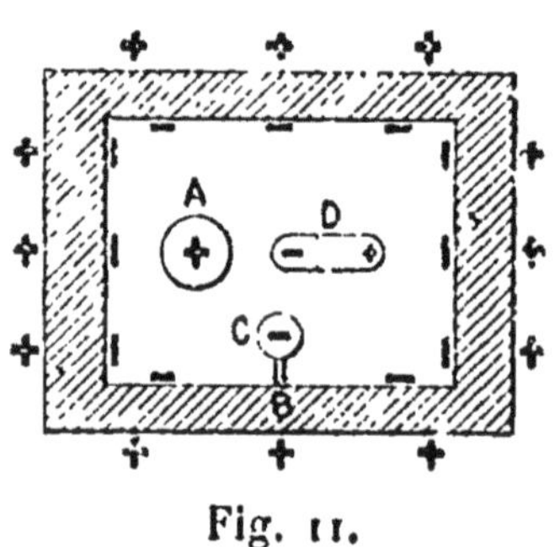

Fig. 11.

Le conducteur fermé B peut être isolé ou en communication avec le sol. Dans les deux cas, la surface intérieure se charge uniquement d'électricité négative et en quantité précisément égale à — M, c'est-à-dire équivalente à celle de A. Quant à la surface extérieure, elle prend dans le premier cas une charge positive + M; dans le second, elle reste à l'état neutre.

Quelle que soit la position du corps influençant A, les charges intérieures et extérieures restent les mêmes; quant à la distribution de la charge, elle varie sur la surface intérieure avec la position de A, mais ne change pas sur la surface extérieure; la distribution extérieure est celle que comporte la forme du conducteur (10).

Soit maintenant un conducteur C en communication avec la paroi. Ce conducteur, au point de vue électrique, fait en réalité partie de la paroi. Comme elle, il sera uniquement chargé d'électricité négative et sa charge ne sera évidemment qu'une fraction de la quantité totale développée.

Considérons enfin le conducteur isolé D. Il prend à la fois les deux électricités et en quantités équivalentes (7). Sa surface présente deux plages séparées par une ligne sans électricité qu'on appelle la *ligne neutre;* la plage antérieure, la plus voisine du corps influençant A est chargée d'électricité négative, c'est-à-dire de signe contraire à celle de A; la plage postérieure, la plus éloignée, d'électricité positive ou de même signe.

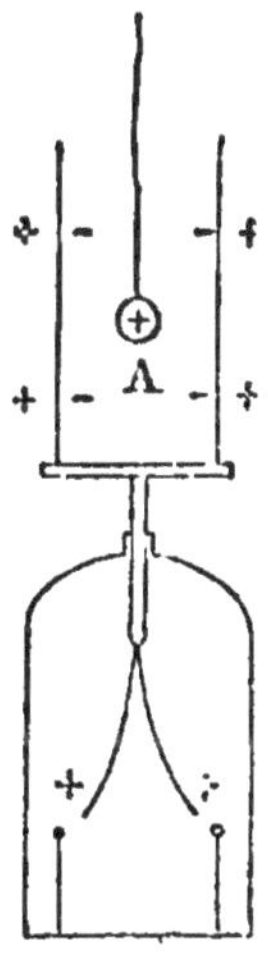

Fig. 12.

Telle est la loi générale de l'influence[1]. Voici maintenant les vérifications expérimentales.

13. Vérifications expérimentales. — Pour représenter le conducteur fermé constitué par la salle, il nous suffit de prendre le cylindre de Faraday. Supposons-le isolé et en communication avec l'électroscope. Le corps influençant sera par exemple une sphère A chargée d'électricité positive (*fig.* 12).

Dès qu'on approche la sphère du cylindre, les feuilles

1. Nous avons supposé les conducteurs B et D à l'état neutre; s'ils étaient préalablement électrisés, l'influence s'exercerait de la même manière, seulement pour avoir la densité en chaque point, il faudrait superposer à la charge primitive existant en ce point celle qui y aurait été développée par influence le corps étant à l'état neutre.

de l'électroscope divergent. La divergence va d'abord en augmentant; mais sitôt que la sphère est à quelque distance au-dessous de l'orifice, l'écart reste invariable quelle que soit la position de la boule : l'ouverture n'a plus d'influence et le cylindre se comporte comme un conducteur fermé. En même temps on peut constater avec le plan d'épreuve que la surface intérieure du cylindre est chargée d'électricité négative et la surface extérieure d'électricité positive. On peut vérifier par le même moyen que la distribution sur la surface extérieure est indépendante de la position de la sphère, ce qui résulte d'ailleurs de l'immobilité des feuilles d'or pendant qu'on déplace la sphère; mais qu'il n'en est pas de même de la distribution intérieure : l'électricité négative s'accumule dans les parties les plus voisines de la sphère A.

14. — Reste à démontrer que les charges intérieure et extérieure sont équivalentes et que chacune d'elle est égale en valeur absolue à celle de A. La démonstration de la première partie résulte évidemment de ce fait que, lorsqu'on retire du cylindre la sphère A, les feuilles d'or retombent et que toute trace d'électrisation disparaît; et celle de la seconde, de cet autre fait que l'écart des feuilles d'or ne varie pas quand on met la sphère en contact avec la surface intérieure. A ce moment la sphère et le cylindre forment un conducteur unique, l'électricité de la sphère et celle de la surface intérieure passent à l'extérieur et comme elles ne modifient pas la quantité déjà existante, elles étaient en quantités équivalentes.

1. La charge développée par influence sur la surface extérieure du cylindre isolé étant la même que celle qui s'y trouve après le contact et agissant seule à l'extérieur, il est indifférent, pour la mesure des charges (9), d'établir ou non ce contact. En particulier, dans l'étude de la distribution (10), il suffira d'introduire

15. — L'effet final est donc le même que si la sphère avait cédé simplement sa charge au cylindre. Nous avons supposé la sphère A conductrice; si elle était isolante, le simple contact avec la surface intérieure ne suffirait plus pour lui faire perdre sa charge; mais on obtiendrait le même résultat en armant de pointes la surface intérieure du cylindre (*fig.* 13): l'électricité négative développée sur la surface intérieure s'échapperait par ces pointes (11) et viendrait neutraliser l'électricité positive adhérente à la surface de la sphère.

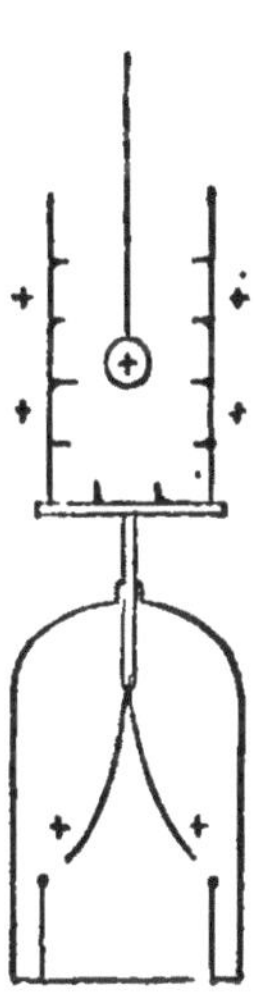
Fig. 13.

16. — Nous avons supposé le cylindre isolé. Pendant que la sphère est à l'intérieur mettons-le en communication avec le sol, l'électricité de la surface extérieure disparaît et les feuilles d'or retombent. Il en serait de même d'un pendule qui pendrait le long de la surface extérieure; enfin, un pendule qu'on en approche n'est

chaque fois, *sans toucher*, le plan d'épreuve dans le cylindre. Le plan d'épreuve retiré, le cylindre se trouve à l'état neutre, prêt pour une nouvelle opération, et n'a pas besoin d'être déchargé, comme lorsque le contact a eu lieu.

Si on introduit simultanément dans le cylindre plusieurs corps électrisés d'une manière quelconque, conducteurs ou non, la quantité d'électricité développée sur la surface extérieure est la somme algébrique des quantités introduites; elle est nulle si ces quantités sont équivalentes. On vérifiera ainsi l'équivalence des charges développées dans le frottement réciproque de deux corps (7). Remarquons enfin que la couche extérieure restera insensible à toutes les modifications qu'on pourra produire à l'intérieur du cylindre. On pourra déplacer les corps introduits, les mettre en contact entre eux ou avec les parois, ramener à l'état neutre des quantités équivalentes, développer de nouvelles charges par le frottement etc., la charge de la surface extérieure restera invariable.

point attiré. L'action est donc nulle sur tout point extérieur au cylindre non isolé[1].

Rompons la communication avec le sol et amenons la sphère au contact de la paroi; les feuilles restent encore au repos, puisque la charge de la sphère et celle de la surface intérieure sont équivalentes.

Si on avait retiré la sphère sans toucher au conducteur B, l'électricité négative de B aurait passé sur la surface extérieure et donnerait dans l'électroscope la même divergence que précédemment; seulement les feuilles seraient négatives.

17. — Pour les autres vérifications nous n'avons plus besoin du cylindre de Faraday. Les parois de la salle forment le conducteur B.

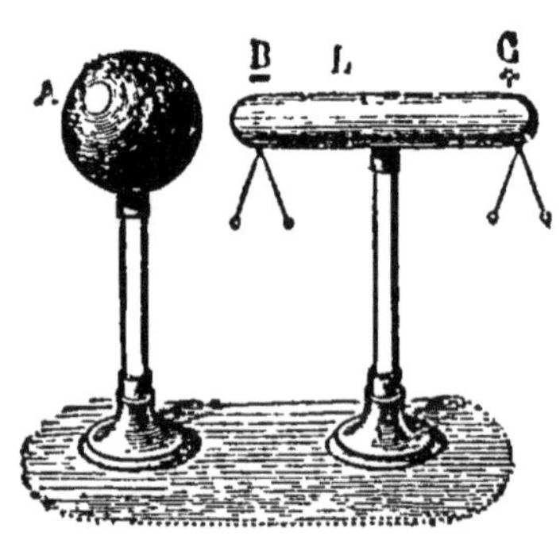

Fig. 14.

D'une sphère électrisée positivement A, approchons un cylindre isolé (*fig.* 14). Il faut montrer que sa surface se divise en deux plages séparées par une ligne neutre, la plage B la plus voisine de A étant chargée d'électricité négative et la plus éloigné C, d'électricité positive. C'est ce qu'il est facile de constater au moyen du plan d'épreuve. Sur la ligne neutre, toujours plus voisine de B que de C, le

1. Il résulte de là qu'un conducteur fermé en communication avec le sol est un écran parfait qui arrête toute action entre l'intérieur et l'extérieur. Nous savons déjà (8, 3°) que toutes les masses extérieures sont sans action sur l'intérieur; l'expérience du cylindre nous montre que les masses intérieures n'ont aucune action sur un point de l'extérieur.

Les parois d'une salle étant toujours des conducteurs en communication avec le sol, on voit que les corps électrisés placés dans une salle n'ont aucune action sur les corps placés dans une salle voisine.

plan d'épreuve ne prend pas d'électricité; mais sa charge en électricité négative, va en croissant de L vers B, et sa charge en électricité positive en croissant de L à C. On peut se dispenser de l'emploi du plan d'épreuve en suspendant aux différents points du cylindre des pendules doubles; la paire qui correspond à la ligne neutre reste immobile; les autres divergent d'autant plus qu'elles sont plus voisines des extrémités. Les balles de la plage antérieure sont repoussés par la résine électrisée, celles de la plage postérieure par le verre électrisé. Les charges des deux plages sont évidemment équivalentes, car si on supprime l'influence, par exemple en éloignant la sphère du cylindre, celui-ci revient à l'état neutre.

18. — Pour avoir le troisième cas, il suffit de mettre le cylindre BC (*fig.* 15) en communication avec le sol. Si on le touche avec le doigt par exemple, en

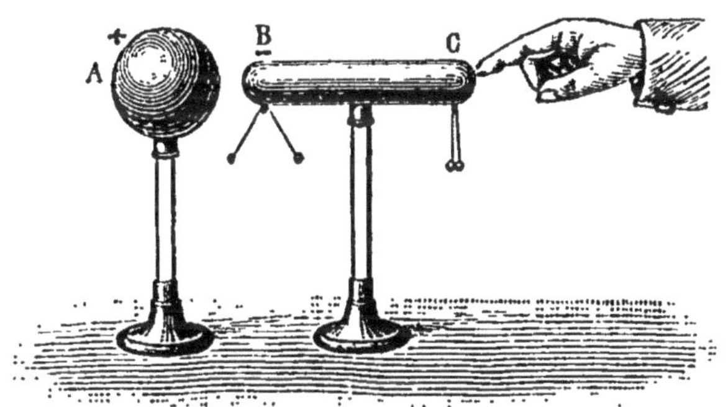

Fig. 15.

un point quelconque, les pendules de l'extrémité C retombent et ceux de l'extrémité B divergent davantage; c'est-à-dire que l'électricité de même signe que le corps influençant, autrement dit l'électricité positive, disparaît, et la quantité d'électricité de signe contraire augmente. L'effet est le même quel que soit le point touché, qu'il appartienne à la plage B ou à la plage C.

Rompons la communication avec le sol, le cylindre reste chargé d'électricité négative, même après la suppression de l'influence. De là un nouveau moyen de charger un conducteur; c'est le troisième : on peut le charger par frottement; — par contact avec un autre corps électrisé; — ou bien par l'influence de ce corps électrisé à la condition de le mettre un instant en communication avec le sol. Par le contact, on a de l'électricité de même signe; par l'influence, de l'électricité de signe contraire.

19. Influence sur les corps mauvais conducteurs. — Les phénomènes sont moins nets avec les corps mauvais conducteurs. Un corps mauvais conducteur soumis à l'influence semble se comporter comme un assemblage de petits conducteurs séparés par un milieu isolant et dont chacun subirait l'influence à la manière d'un conducteur isolé, c'est-à-dire se chargerait des deux électricités, d'électricité contraire à celle du corps influençant dans la partie la plus voisine, d'électricité de même espèce dans la partie la plus éloignée. Si on supprime l'influence après un temps très court, le corps revient à l'état neutre; mais si elle a duré quelque temps, le corps peut conserver deux plages électrisées en sens contraire, la plage négative étant toujours la plus voisine du corps influençant supposé positif.

L'influence s'exerce à travers les corps mauvais conducteurs solides ou liquides, comme à travers l'air. Ils ne font pas écran comme les corps conducteurs (16). Ainsi, si le cylindre de Faraday était rempli avec un liquide mauvais conducteur comme l'huile, le pétrole ou la benzine, toutes les choses restant égales d'ailleurs, il n'y aurait rien de changé quant au signe et quant à la quantité de l'électricité développée.

20. Étincelle. — L'influence joue un rôle capital en électricité, car elle intervient nécessairement dans tous les phénomènes.

Elle précède évidemment l'étincelle que nous avons vue se produire chaque fois qu'il y a communication d'électricité d'un conducteur à un autre. Supposons par exemple qu'on approche le doigt d'un corps chargé d'électricité positive, le doigt en communication avec le sol se charge d'une quantité d'électricité négative d'autant plus grande que la distance est plus petite et, avant le contact, les deux électricités se neutralisent à travers l'air.

Si au lieu du doigt on présente au conducteur une pointe tenue à la main, celle-ci laisse échapper de l'électricité contraire jusqu'à ce que le corps influençant soit ramené à l'état neutre. En présence d'une source d'électricité, la pointe influencée donne les phénomènes lumineux déjà décrits (**11**).

21. Attraction des corps légers. — De même, dans l'expérience de l'attraction des corps légers, l'électrisation par influence précède l'attraction et en réalité l'action ne s'exerce jamais qu'entre corps électrisés.

22. Pendules isolé et non isolé. — Quand la balle de sureau qui constitue le pendule est suspendue par un fil conducteur, de lin ou de coton par exemple, et par suite en communication avec le sol, elle se charge seulement d'électricité contraire à celle du corps influençant et est vivement attirée; quand elle est suspendue par un fil de soie isolant, elle prend les deux électricités et l'attraction est due seulement à la différence des actions qu'exerce le corps influençant sur les deux masses électriques égales; cette différence est toujours en faveur de l'attraction, la masse attirée étant toujours la plus voisine; mais elle ne devient sensible qu'à une distance relativement assez petite.

Quand il s'agit seulement de reconnaître si un corps est électrisé, le pendule non isolé est plus sensible que le pendule isolé ; mais l'emploi de ce dernier est nécessaire quand on veut reconnaître si le corps est électrisé positivement ou négativement. On communique par contact l'électricité de ce corps à la balle de sureau, et on cherche si la balle est repoussée par le verre ou par la résine.

L'expérience doit être faite avec précaution : le bâton de verre ou de résine doit être approché de loin et très doucement, si on ne veut pas être induit en erreur. Supposons par exemple que la boule soit positive et qu'on en approche un bâton de verre électrisé ; la charge développée par influence se superposant à la charge primitive (**12**), il arrive qu'en approchant progressivement le bâton de verre, la charge de la partie antérieure de la balle d'abord positive finit par devenir négative et assez grande en valeur absolue pour qu'à petite distance la répulsion se change en attraction. En approchant le bâton de verre brusquement, on pourrait ne constater que ce dernier effet, et en tirer une conclusion fausse.

23. Électroscope. — L'électroscope est beaucoup plus sensible ; nous avons décrit (**9**) la partie essentielle de l'électroscope à feuilles d'or (*fig.* 16). Outre la tige qui porte les feuilles d'or, l'instrument comprend habituellement deux conducteurs fixes qu'on appelle les *bornes*, placés symétriquement par rapport aux feuilles d'or et en communication avec le sol.

Ces bornes, en se chargeant par influence d'électricité contraire à celles des feuilles d'or, augmentent la divergence et par suite la sensibilité de l'instrument. Elles empêchent en outre les feuilles écartées trop brusquement, de venir se coller contre la cage de verre dont il est difficile ensuite de les détacher. L'appareil est souvent enveloppé d'une seconde cage, percée d'un trou qui laisse passer librement la tige et qui contient des matières desséchantes pour garantir les parois extérieures de la cloche de l'humidité de l'air.

Pour reconnaître qu'un corps est électrisé, il suffit de l'approcher du bouton : les feuilles divergent immédiatement. Pour reconnaître la nature de l'électricité, on procède de la manière suivante. Pendant que le corps est approché, on touche un instant le bouton avec le doigt, les feuilles retombent; on retire le doigt, puis le corps, elles divergent de nouveau, chargées évidemment d'une électricité contraire à celle du corps. On approche ensuite, à grande distance et très lentement, un corps chargé d'électricité connue, un bâton de résine frotté par exemple, qui est toujours négatif. Il agit par influence, développe de l'électricité positive dans la partie la plus voisine et dans les feuilles d'or des quantités d'électricité négative qui vont en croissant au fur et à mesure qu'on approche. Si la divergence des feuilles augmente, elles étaient déjà négatives et le premier corps était chargé positivement; si, au contraire, elles étaient primitivement positives et par suite le corps essayé négatif, la divergence va en diminuant, s'annule, puis se manifeste de nouveau. En retirant doucement le bâton de résine, on repasse en sens inverse par la même succession de phénomènes.

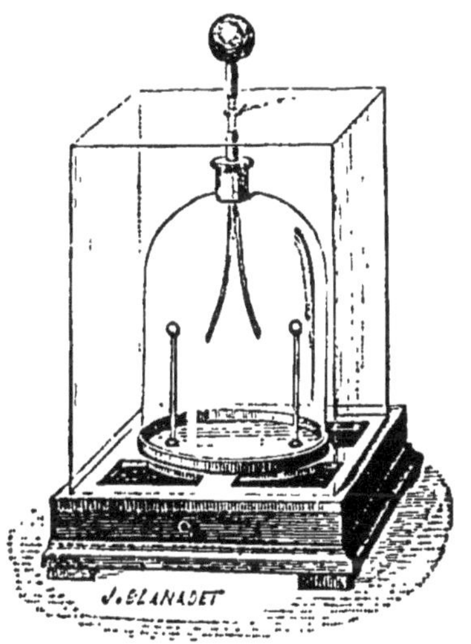
Fig. 16.

On conçoit en effet que si les feuilles ont reçu tout d'abord une charge positive déterminée et qu'on y développe ensuite des quantités d'électricité négative croissant progressivement, la charge positive ira en diminuant, s'annulera, puis deviendra négative. Quand l'influence diminuera, cette électricité négative sera neutralisée par la quantité d'électricité positive équivalente développée dans la boule.

24. Électrophore. — L'électrophore (*fig.* 17), se compose d'un gâteau de résine coulé dans un moule de bois ou de métal, et d'un disque à surface métallique pouvant être manié par un manche isolant.

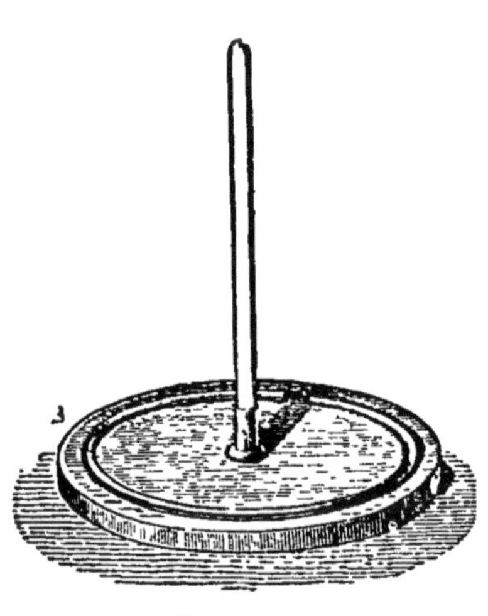

Fig. 17.

On charge d'électricité négative la surface du gâteau en le battant avec une peau de chat, puis on y dépose le plateau. Celui-ci s'électrise par influence et, si on le met un instant en communication avec le sol par un point quelconque, il garde seulement l'électricité de signe contraire à celle du gâteau, c'est-à-dire positive. En prenant le plateau par le manche isolant, on emporte ainsi une charge positive que l'on peut utiliser à volonté.

On peut recommencer l'opération autant de fois qu'on veut, l'électricité négative du gâteau restant fixée à sa surface et ne subissant d'autres pertes que celles qui sont dues aux défauts d'isolation.

CHAPITRE IV

POTENTIEL ÉLECTRIQUE.

25. Définition du potentiel par l'électromètre. — Quand un conducteur électrisé d'une manière quelconque est mis en communication par un fil long et fin avec un électromètre placé à distance assez grande pour n'être point influencé directement, *l'écart des feuilles d'or reste le même quelque soit le point touché de la surface ou de l'intérieur du conducteur.*

Considérons d'abord un conducteur isolé chargé d'électricité, un ellipsoïde allongé par exemple; l'écart des feuilles d'or est le même, que la communication soit établie à l'extrémité du grand axe où la densité est maximum, ou sur l'équateur où elle est minimum, ou enfin avec un point quelconque de l'intérieur où la densité est nulle. Le signe des feuilles d'or est celui du conducteur.

L'expérience montre en outre que si l'on double, triple... la charge du conducteur, l'écart de l'électromètre devient double, triple... (9).

Dans le cas d'un corps isolé soumis à l'influence et possédant par suite les deux électricités, l'écart est également le même, que le point appartienne à la plage positive, à la plage négative, à la ligne neutre ou à la surface d'une cavité sans électricité. Quant au signe des feuilles d'or, il est toujours celui du corps influençant; la divergence est plus petite que celle que donne lui-même le corps influençant, et d'autant moindre que la distance est plus grande. Enfin si, toutes choses restant les mêmes, on double la charge du corps influençant, ce qui double aussi en chaque point la densité sur le corps influencé, ou double pour les deux corps les indications de l'électromètre.

Reste le cas d'un conducteur en communication avec le sol : les feuilles d'or restent au repos sans diverger, que le conducteur soit soumis ou non à l'influence, et par suite, qu'il soit chargé d'électricité positive ou d'électricité négative, ou qu'il soit à l'état neutre.

Ainsi l'indication de l'électromètre employé comme il vient d'être dit, est *la même pour tous les points* d'un conducteur donné dans des conditions données; elle varie seulement avec les conditions électriques dans lesquelles se trouve le corps, autrement dit avec son état électrique. Cet état électrique du corps, nous l'appellerons son *potentiel.*

Le potentiel caractérise l'état électrique d'un corps, comme la température caractérise l'état calorifique. L'électromètre servira à définir numériquement le potentiel, comme le thermomètre sert à définir la température. On prendra comme zéro le potentiel du sol qui donne un écart nul; puis prenant comme unité le potentiel qui correspond à un certain écart, on appellera potentiel 2, 3, 4, celui qui correspond à un écart de valeur double, triple, quadruple (9), et on le comptera positivement ou au-dessus de zéro, si la divergence est positive, négativement ou au-dessous de zéro, si la divergence est négative. Chaque potentiel sera ainsi caractérisé par un nombre. L'échelle est indéfinie dans les deux sens; elle est arbitraire en ce sens que la valeur numérique de chaque potentiel dépend de l'écart pris pour unité; mais il est évident que toutes les échelles seront proportionnelles.

26. Équilibre et mouvement de l'électricité. — Considérons maintenant deux conducteurs A et B chargés d'électricité; s'ils donnent la même indication à l'électromètre, ils sont au même potentiel. L'expérience montre que si on établit entre eux une communication par un long fil, rien n'est changé dans leur état respectif : *Deux corps au même potentiel sont en équilibre électrique.*

Supposons les deux conducteurs à des potentiels différents : si on les fait communiquer, de *l'électricité positive passe, par le fil, de celui qui a le potentiel le plus élevé à celui qui a le potentiel le moins élevé*, jusqu'à ce que les deux corps soient à un même potentiel intermédiaire entre les potentiels primitifs[1]. Ainsi, si A est au potentiel + 10 et B au potentiel + 4, les deux corps réunis par un long fil, seront à un potentiel positif compris entre 10 et 4 ; si l'un est au potentiel + 10, l'autre au potentiel — 4, le potentiel final sera compris entre + 10 et — 4 et pourra suivant les dimensions respectives des conducteurs[2], être positif ou négatif ; si le potentiel est — 4 pour l'un et — 10 pour l'autre, le potentiel final sera négatif et compris entre — 4 et — 10. Enfin, quelque soit le potentiel primitif, le conducteur mis en communication avec le sol, viendra toujours au potentiel zéro.

Ainsi une différence de potentiel entre deux conducteurs mis en communication a toujours pour conséquence un transport d'électricité positive du potentiel le plus élevé au potentiel le plus bas. Et l'expérience montre que le phénomène dépend uniquement de cette différence. Cette différence de potentiel qui est la cause du mouvement de l'électricité est souvent appelée *force électromotrice.*

1. Le passage de l'électricité positive dans un fil produit des effets que nous étudierons plus loin et qui sont caractéristiques non seulement du mouvement de l'électricité, mais du sens dans lequel a lieu ce mouvement.

2. Si les deux corps sont des sphères, le plan d'épreuve montre que l'équilibre est atteint quand les charges totales sont respectivement proportionnelles aux rayons.

27. Analogie avec la température. — De même la chaleur tend à passer du corps qui a la température la plus élevée à celui qui a la température la plus basse; mais l'analogie entre le potentiel et la température ne se poursuit pas dans tous les détails. Tandis que la température d'un corps ne dépend que de la quantité de chaleur qu'il a reçue et nullement de sa situation par rapport aux autres corps, nous verrons plus loin (31) que pour une même charge électrique, le potentiel d'un conducteur dépend de l'état et de la situation des conducteurs qui l'environnent.

28. Analogies hydrodynamiques. — Travail électrique. — L'analogie est plus complète entre une différence de potentiel et une différence de niveau en hydrodynamique. Aussi l'expression de *niveau électrique* est-elle souvent substituée au mot potentiel.

L'eau coule toujours du niveau le plus élevé au niveau le plus bas. Une masse d'eau par elle-même n'est point de l'énergie; elle ne peut donner du travail qu'en passant d'un niveau plus élevé à un niveau moins élevé, et on sait que le travail fourni par une chute d'eau ne dépend que de la masse de l'eau et de la hauteur de la chute : autant de litres et autant de mètres, autant de kilogrammètres. De même pour l'électricité; en elle-même elle n'est pas, comme la chaleur, une forme de l'énergie; mais elle peut fournir du travail en passant d'un potentiel à un autre; le travail produit ne dépend que de la masse électrique et de la différence de potentiel et il est proportionnel à chacun de ces deux facteurs et par suite, à leur produit[1]; il est le même de

1. Nous admettons ce résultat comme un fait d'expérience. On pourrait d'ailleurs le déduire facilement de ce qui précède. D'abord, il est évident que le travail est double si, toutes choses égales d'ailleurs, la masse transportée est double. D'autre part, nous avons

quelque manière que se fasse la chute. Pour qu'il puisse, comme celui d'une chute d'eau, être exprimé immédiatement par le produit de deux facteurs, l'un représentant la masse qui tombe, l'autre la hauteur de chute, il suffit de choisir une unité convenable pour mesurer la différence de potentiel. Cette unité sera la chute de potentiel pour laquelle un coulomb donne une unité de travail, c'est-à-dire un joule[1]. Nous lui donnerons le nom de *volt*.

Pour M coulombs tombant de V volts, le travail en joules sera

$$T = MV. \tag{1}$$

Cette formule convient au cas où la masse M tout entière tombe de V volts. Ce cas n'est pas celui de la décharge d'un conducteur qu'une masse M porterait au potentiel V et qu'on mettrait en communication avec le sol[2]. Pendant la décharge, le potentiel va en décroissant et si les premières parties de la charge tombent du potentiel V, les dernières tombent d'un potentiel voisin de zéro. Dans ce cas, on démontre, et il est facile de comprendre, que le travail est le même que si la masse totale était tombée d'un potentiel moyen entre

vu que si on double les charges des conducteurs électrisés, le potentiel mesuré à l'électromètre devient double pour tous les conducteurs; en même temps, il est facile de concevoir que, toutes les masses électriques devenant doubles, la force électrique qui agit en chaque point devient double et que finalement, le travail est double pour chaque unité d'électricité transportée.

1. Rappelons que le *joule* vaut 10^7 ergs, soit environ $\frac{1}{10}$ de kilogrammètre.

2. Ce cas est celui d'un vase cylindrique plein d'eau que l'on viderait par le bas; si p est le poids de l'eau et h le niveau initial, le travail donné par l'eau en s'écoulant est $\frac{1}{2}ph$.

le potentiel initial et le potentiel final, c'est-à-dire du potentiel $\frac{1}{2}$ V, et qu'il a pour expression

$$T = \frac{1}{2} MV. \quad (2)$$

Réciproquement ce travail sera celui qu'il faudra dépenser pour donner à un conducteur isolé la charge M qui le portera au potentiel V [1].

29. Définition du potentiel par le travail. — La considération du travail électrique va nous permettre d'étendre la notion du potentiel.

La formule (1) quand on y fait $M=1$, donne $V=T$, c'est-à-dire que la valeur numérique du potentiel d'un conducteur est le nombre d'unités du travail qui correspond au déplacement d'une unité d'électricité depuis un point de ce conducteur jusqu'au sol. Si au lieu de partir d'un point du conducteur, l'unité d'électricité était partie d'un point A de l'air environnant, son déplacement jusqu'au sol correspondrait toujours à un certain travail des forces électriques; si ce travail est de V joules, on dira que le potentiel du point A est de V volts.

D'où cette définition générale :

La valeur numérique du potentiel en un point quelconque est le nombre d'unités de travail qui correspond au déplacement d'une unité d'électricité positive depuis ce point jusqu'au sol par un chemin quelconque [2].

1. Ainsi, qu'il s'agisse de la charge ou de la décharge, le phénomène électrique n'est en réalité qu'une transformation d'énergie. Nous verrons qu'il en est de même d'un phénomène électrique quelconque.

2. Il est évident que le travail doit être le même quel que soit le chemin suivi; c'est une conséquence du principe de la conservation de l'énergie. Autrement, on pourrait, en faisant circuler une masse électrique entre deux points A et B par deux chemins convenablement choisis, produire une quantité indéfinie de travail sans

Le signe du potentiel est celui du travail des forces électriques dans le déplacement. Ainsi, si du point A au sol, les forces électriques poussent la masse positive égale à l'unité en donnant un travail de 10 joules, le potentiel du point A est positif et égal à 10 volts. Si les forces électriques, agissant en sens inverse du déplacement, avaient donné un travail de même valeur, mais négatif, le potentiel du point serait égal à — 10 volts.

30. Électromètres. — Pour graduer en volts l'électromètre à feuilles d'or, il suffira de déterminer l'écart correspondant à un nombre connu de volts. Malheureusement la sensibilité de l'électromètre à feuilles d'or est souvent insuffisante ; par exemple l'écart correspondant à 1 volt n'est généralement pas appréciable. L'électromètre à quadrants possède une sensibilité beaucoup plus grande.

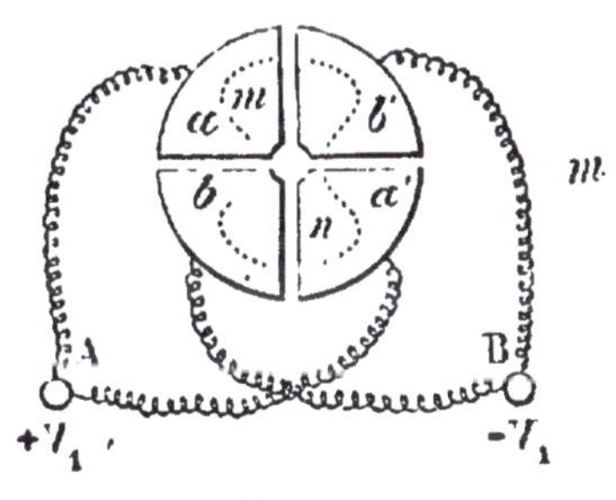

Fig. 18.

L'électromètre à quadrants se compose de deux paires de quadrants a, a' b, b' (*fig.* 18) dont l'ensemble représente une boîte cylindrique plate divisée en quatre secteurs égaux par deux sections diamétrales à angle droit. Deux quadrants opposés par le sommet sont reliés électriquement et par suite au même potentiel. Chaque paire communique avec une petite tige isolée (*fig.* 19) qu'on appelle son *électrode* et qui

dépense équivalente, ce qui serait la réalisation du *mouvement perpétuel*. Supposons en effet que par le premier chemin les forces électriques donnent un travail de 15 joules et seulement un travail de 10 joules par le second. Il suffira d'une dépense de 10 joules pour ramener la masse de B en A par ce dernier chemin. A chaque tour, on recueillerait 15 joules à l'aller, on en dépenserait 10 au retour, et on pourrait disposer d'un travail de 5 joules sans dépense équivalente.

sert à la mettre en communication avec l'extérieur.

Au milieu des quadrants est suspendue une aiguille très légère en aluminium ayant à peu près la forme d'un 8.

Cette aiguille est portée par deux fils de cocon parallè-

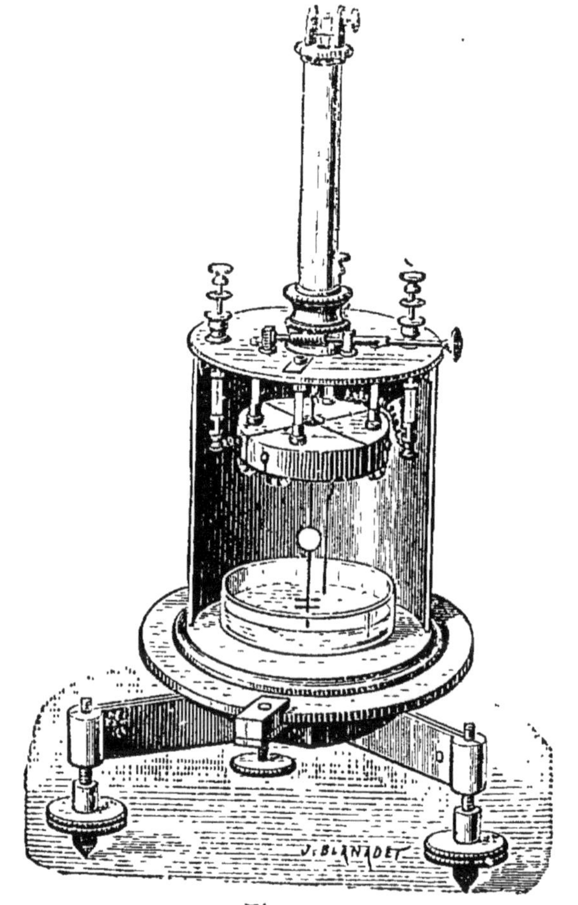

Fig. 19.

les constituant ce qu'on appelle une *suspension bifiliaire*. La position d'équilibre de l'aiguille est celle où les deux fils sont dans le même plan. Pour un faible écart, la force qui tend à la ramener à cette position est proportionnelle à l'angle d'écart. La suspension est réglée de manière que dans sa position d'équilibre, l'aiguille ait son axe de symétrie dans le plan de séparation des quadrants.

L'aiguille est traversée normalement par un fil de platine qui forme l'axe de rotation; ce fil s'accroche d'une part à la suspension bifilaire et de l'autre plonge dans un vase contenant de l'acide sulfurique ; l'acide a un triple rôle : il fait communiquer l'aiguille avec l'électrode correspondante, il amortit les oscillations de l'aiguille, et maintient sec l'air de la cage.

L'aiguille quitte sa position d'équilibre dès que son potentiel est différent de celui des quadrants.

En général, on maintient les deux paires de quadrants à des potentiels égaux et de signes contraires en les reliant aux deux pôles d'une pile formée de petits éléments et dont le milieu est au sol (54). Pour les faibles écarts, la déviation est proportionnelle au potentiel de l'aiguille. Il suffit donc de connaître la déviation correspondant à un volt.

On n'emploie jamais que des écarts très faibles ; pour les observer avec précision, on les mesure par la *méthode du miroir*. Un petit miroir concave (*fig.* 19) est porté par la tige de l'aiguille et mobile avec elle. Une fente verticale lumineuse O et une échelle EE' divisée en millimètres, sont placées dans un même plan passant par le centre O du miroir et à égale distance de ce centre dans le plan vertical. L'image de la fente lumineuse vient se peindre en vraie grandeur sur l'échelle, et se déplace d'un angle double de la déviation du miroir.

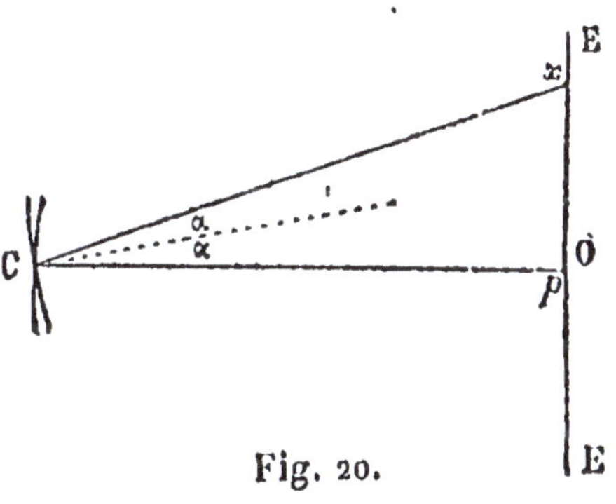

Fig. 20.

Pour mesurer le potentiel d'un conducteur on met l'aiguille en communication avec lui par un fil fin [1]. Pour mesurer le potentiel en un point du champ, on utilise le pouvoir des pointes. L'équilibre électrique n'existe pour une pointe parfaite que quand cette pointe et le conducteur dont elle fait partie ne possèdent plus d'électricité et sont au potentiel du point de l'air où se trouve la pointe. Mais il serait difficile d'avoir une pointe parfaite et le résultat est obtenu d'une manière plus sûre et plus complète, en substituant à la pointe un conducteur effilé qui laisse écouler, d'une manière continue et par une simple action mécanique, des particules conductrices emportant avec elles l'électricité qui tend à s'échapper. On peut employer une flamme ou une mèche de papier imprégné de nitrate de plomb ou mieux encore un tube très mince (*fig.* 21) laissant échapper un filet d'eau qui se divise en gouttelettes. Il suffit de mettre l'appareil à écoulement en communication avec l'aiguille de l'électromètre [2] ; on a le potentiel du point où les particules se détachent.

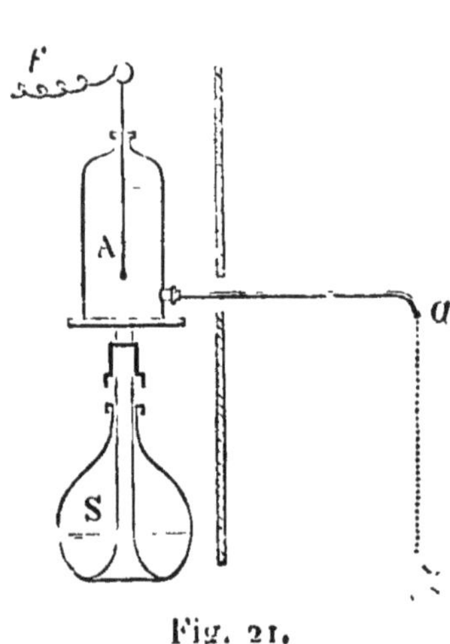

Fig. 21.

1. Le conducteur ne doit pas être déplacé ; il faut également se garder de déplacer aucun des conducteurs qui l'entourent (31).

2. Dans la figure 21, le vase inférieur renferme de l'acide sulfurique destiné à dessécher l'air qui entoure le support en verre du flacon. On obtient ainsi une très bonne isolation.

CHAPITRE V

CONDENSATEUR.

31. Capacité. — Nous avons vu que si l'on double, triple... la charge d'un conducteur isolé, son potentiel devient double, triple... [1]. On appelle *capacité* du conducteur, la charge qu'il faut lui fournir pour le porter au potentiel d'un volt. La capacité égale à l'unité est celle qu'un coulomb porte à un volt; on lui donne le nom de *farad*. Cette unité étant énorme, on n'emploie dans la pratique que son sous-multiple, le *microfarad* qui en est la millionième partie. Soit C la capacité du conducteur exprimée en farads, le nombre M de coulombs nécessaire pour le porter au potentiel V, sera

$$M = CV.$$

On aura donc la charge d'un conducteur en multipliant sa capacité par le potentiel; inversement, on obtiendra la capacité en divisant la charge par le potentiel correspondant [2].

Le mot capacité a été emprunté à la théorie de la chaleur; mais il faut remarquer que tandis que la capacité calorifique d'un corps ne dépend que de sa nature et de sa masse, la capacité électrique d'un conducteur ne dépend ni de la nature, ni de la masse, mais seule-

1. Nous supposons qu'il n'y a pas dans le voisinage, dans la même salle par exemple, d'autres conducteurs ayant une charge propre d'électricité, mais seulement des conducteurs, isolés ou non, simplement soumis à l'influence.

2. Dans les calculs l'unité de capacité sera toujours le farad, et le microfarad sera représenté par 10^{-6}.

ment de la forme et des dimensions de la surface extérieure et aussi de sa situation par rapport aux conducteurs voisins; de telle sorte que pour un conducteur donné, la capacité n'est pas une constante[1]. C'est ce que met bien en évidence l'expérience suivante.

Une sphère A chargée d'électricité positive est mise en communication à distance avec un électromètre; elle donne un écart correspondant à un certain nombre de volts. Nous en approchons un conducteur isolé à l'état neutre, par exemple le cylindre BC de la figure 14 : l'écart, autrement dit le potentiel de A, diminue et d'autant plus que la distance est moindre. Laissant le cylindre en place, on le met en communication avec le

1. Considérons deux conducteurs assez éloignés l'un de l'autre pour ne pas s'influencer mutuellement. Soient M_1, C_1, V_1, la charge, la capacité et le potentiel du premier, M_2, C_2, V_2 les mêmes quantités pour le second. Si on les met en communication par un fil fin dont la capacité soit négligeable, le système se met au potentiel V, sa capacité devient $C_1 + C_2$ et comme la quantité d'électricité n'a pas varié, on a

$$(C_1 + C_2)V = C_1V_1 + C_2V_2.$$

équation analogue à celle des mélanges dans la théorie de la chaleur.

Si les deux conducteurs sont des sphères, l'expérience montre qu'une fois l'équilibre établi, les densités déterminées sur chacune d'elles au moyen du plan d'épreuve, sont en raison inverse des rayons. Il en résulte que les charges totales et par suite les capacités sont entre elles comme les rayons. La capacite d'une sphère éloignée de tout autre conducteur est donc proportionnelle à son rayon.

La sphère dont la capacité est d'un microfarad a 9 000 mètres de rayon; le microfarad est donc encore une capacité considérable. Partant de cette donnée, on pourra calculer la capacité d'une sphère quelconque. On trouvera ainsi que la Terre dont le rayon est de $\frac{40\,000\,000}{2\pi}$ mètres, a une capacité de 708 microfarads.

La capacité d'un conducteur quelconque peut être définie par le rayon de la sphère équivalente.

sol, les feuilles de l'électromètre se rapprochent davantage. On interpose entre la sphère et le cylindre, une lame d'un corps isolant, une lame de verre par exemple, l'écart diminue encore.

Le potentiel de A devient donc plus petit dans chacune de ces expériences successives bien que la charge soit restée invariable. Or dire que pour une charge donnée, le potentiel est devenu deux fois plus petit, c'est dire que la capacité est devenue deux fois plus grande, puisqu'il faudrait une charge double pour ramener le conducteur au potentiel primitif.

La capacité d'un conducteur est donc augmentée par la présence d'un autre conducteur, surtout si ce conducteur est en communication avec le sol ; l'augmentation est plus grande, lorsque le milieu interposé est un solide mauvais conducteur que lorsqu'il est de l'air. On donne souvent au milieu isolant interposé le nom de *diélectrique*. Il faut remarquer que si l'interposition du diélectrique augmente la capacité du conducteur A, elle ne change point la quantité d'électricité développée par influence sur le conducteur B en communication avec le sol ; si le conducteur B enveloppe A complètement, sa charge est toujours égale et de signe contraire à celle de A (19).

32. Condensateur. — On donne le nom de *condensateur* à un système de conducteurs disposés de manière à accroître dans une proportion considérable la capacité de l'un d'eux.

Le système le plus efficace est celui de deux surfaces conductrices, parallèles, séparées par une lame isolante et dont l'une est mise en communication avec le sol. Les deux surfaces sont appelés les *armatures* du condensateur.

La forme la plus simple est celle qu'on obtient en collant deux feuilles d'étain de même dimension sur les deux faces d'un carreau de vitre. On laisse tout autour une large bande de verre non recouverte qu'on vernit à la gomme laque pour mieux isoler l'une de l'autre les deux armatures.

Le condensateur d'Æpinus (*fig.* 22), souvent employé dans les cours, est composé de deux plateaux métal-

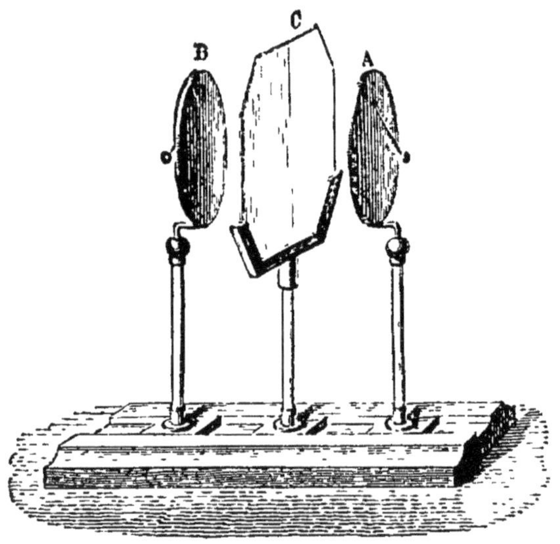

Fig. 22.

liques isolés, mobiles, qui peuvent venir s'appliquer contre les deux faces d'une lame de verre.

Mais la forme la plus usitée est la *bouteille de Leyde*. C'est une bouteille en verre dont les deux faces intérieure et extérieure sont garnies de lames d'étain jusqu'à une certaine distance du goulot (*fig.* 23); la partie non recouverte est vernie à la gomme laque. Une tige métallique terminée par un bouton traverse le bouchon et communique avec l'armature intérieure. Dans les bouteilles à goulot étroit il serait difficile de coller une feuille d'étain à l'intérieur; on la remplace par un conducteur quelconque, feuilles de clinquant, limaille, acide sulfurique, etc. On donne le nom de *jarres* aux bouteilles de grande dimension et à large ouverture.

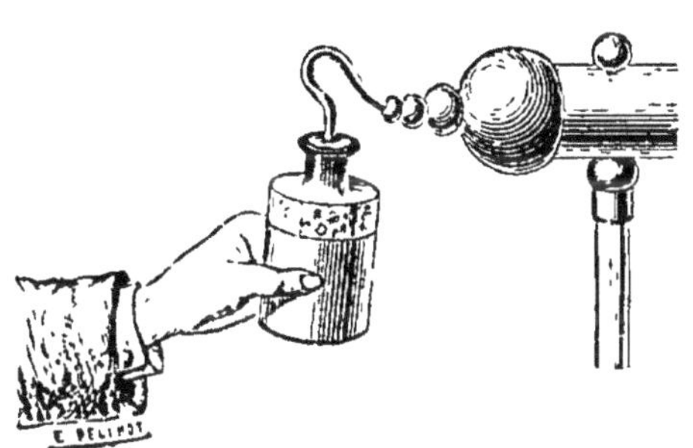

Fig. 23.

Quelle que soit la forme du condensateur, la capacité est proportionnelle à la surface des armatures et en raison inverse de leur distance· elle dépend en outre du diélectrique interposé : un condensateur à lame de verre a une capacité cinq ou six fois plus grande, qu'un condensateur à lame d'air de mêmes dimensions[1]. Ce rapport mesure ce qu'on appelle le *pouvoir inducteur spécifique* du verre ; ce pouvoir est de 2,5 pour le soufre et de 3 environ pour la gomme laque.

33. Charge du condensateur. — Désignons par A et B les deux armatures, et mettons l'armature A en communication avec une source d'électricité positive par exemple, au potentiel V, l'armature B étant au sol[2].

1. Pour fixer les idées nous citerons quelques nombres. Un condensateur dont la lame isolante a une épaisseur d'un millimètre, a environ, par centimètre carré d'armature, une capacité de $8{,}85.10^{-7}$ microfarads si le diélectrique est l'air et de 5.10^{-6} microfarads si c'est du verre. Avec le verre, sous une épaisseur d'un millimètre, il faudrait une surface d'armature de 20 mètres carrés environ pour obtenir un microfarad.

2. Nous appelons *source d'électricité* une machine capable de porter et de maintenir les conducteurs en communication avec elle à un potentiel constant. Pour charger une bouteille de Leyde, on prend ordinairement la panse à la main et on fait communiquer le bouton avec la machine (*fig.* 23).

L'armature A se charge d'électricité positive, l'armature B d'une quantité presque égale[1] d'électricité négative. La charge prise par l'armature A pourra, suivant les conditions, être 10, 100, 1000..... fois plus grande que si cette armature était seule et non en présence de B ; ce facteur représente le *pouvoir condensant* du système. Soit C la capacité de l'armature A du condensateur, la charge aura pour expression $M = CV$ et cette charge au potentiel V pourra fournir par sa décharge sur le sol un travail

$$T = \frac{1}{2} MV = \frac{1}{2} CV^2.$$

34. Décharge du condensateur. — Cette décharge peut se faire de deux manières :

1° *Décharge lente.* — On isole la bouteille et l'on touche alternativement les deux armatures A et B. On obtient chaque fois une petite étincelle. La quantité d'électricité enlevée à chaque contact va en diminuant; théoriquement, il faudrait un nombre de contacts infini pour décharger la bouteille. Si deux pendules α et β communiquent respectivement avec les armatures A et B, le pendule de l'armature touchée retombe, tandis que celui de l'autre se relève, et en effet, l'action est nulle sur tout point extérieur à l'armature en communication avec le sol (**16**).

La décharge lente de la bouteille de Leyde donne lieu à plusieurs expériences curieuses, telles que l'*araignée de Franklin* (*fig.* 24), et le *carillon électrique* (*fig.* 25). Un petit conducteur isolé et mobile, B ou B',

1. Elle serait égale si l'armature B enveloppait complètement l'armature A. Dans la bouteille de Leyde, les choses se passent à très peu près, comme si la condition était exactement réalisée.

est suspendu entre deux boutons communiquant avec chacune des armatures. Il est attiré successivement par chacune d'elles et porte de l'une à l'autre l'électricité disponible après chaque contact.

La belle expérience des *figures de Lichtemberg* s'explique de même : prenant la bouteille par l'armature extérieure, on trace avec le bouton des traits sur la surface d'un gâteau de résine ; puis la bouteille ayant été

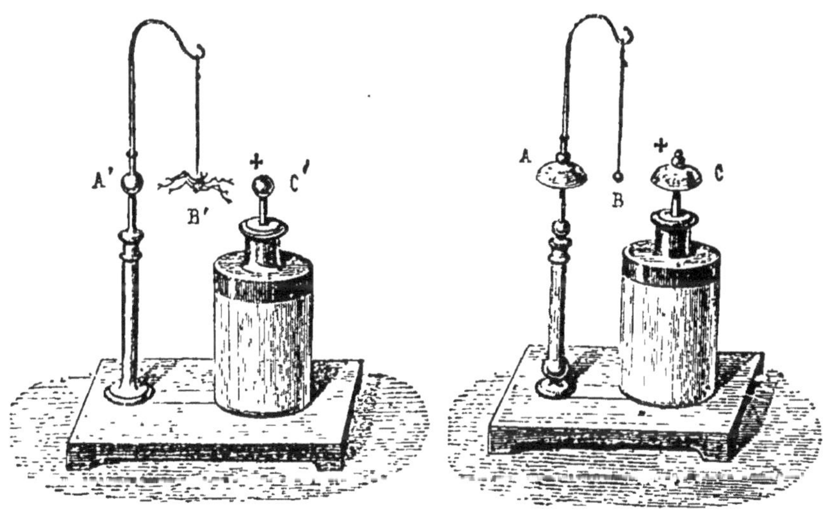

Fig. 24. Fig. 25.

placée sur un support isolant, on la saisit par le bouton et l'on fait d'autres traits avec l'armature extérieure. Pendant qu'on tient la bouteille par l'une des armatures, celle-ci reste au potentiel zéro et l'autre abandonne au gâteau une partie de son électricité. On a ainsi sur la résine des traces les unes positives, les autres négatives. En lançant avec un soufflet un mélange de minium et de soufre en poudre, les particules s'électrisent par leur frottement mutuel, le minium positivement, le soufre négativement ; chacune d'elles vient s'arrêter sur les plages portant l'électricité contraire et celles-ci apparaissent, les positives en jaune, les négatives en rouge. Ces traces diffèrent non seulement par la couleur, mais par la forme : les traces jaunes correspondant à l'électricité positive forment des ramifications très fines, les traces rouges correspondant à l'électricité négative sont épaisses et présentent souvent l'aspect de gouttes.

35. — 2° *Décharge brusque.* — On réunit les deux armatures par un conducteur formé de deux tiges de cuivre articulées en branches de compas tenues par des manches en verre, et qu'on appelle *excitateur* (*fig.* 26). Un peu avant que la communication soit établie, une étincelle éclate plus ou moins bruyante.

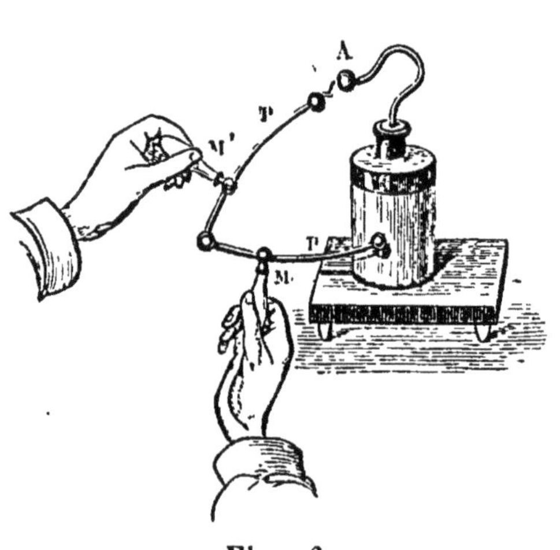

Fig. 26.

36. Charge résiduelle. — Le plus souvent le condensateur n'est pas complètement déchargé par cette première étincelle. En réunissant de nouveau les deux armatures, on en tire une seconde, une troisième, etc. ; on peut observer ainsi un grand nombre de décharges successives d'intensités décroissantes. Le phénomène est dû à une propriété curieuse, bien que difficilement explicable, du diélectrique. Les deux électricités ne restent pas sur les armatures, mais se portent sur les deux faces de la lame isolante, qu'elles semblent pénétrer peu à peu. Au moment de la décharge, les deux faces de la lame ne rendent pas instantanément aux armatures les électricités dont elles sont pour ainsi dire imprégnées.

Ce fait se démontre facilement au moyen de la bouteille de Leyde décomposée (*fig.* 27). La lame isolante est un verre conique C qui peut se séparer facilement des deux armatures A et B. On charge la bouteille, et après l'avoir isolée, on sépare les pièces qui la composent;

Fig. 27.

chaque armature ne donne qu'une faible étincelle; si on reconstitue ensuite la bouteille, on peut obtenir une étincelle presque aussi forte que celle qu'on aurait eue tout d'abord. Le condensateur à plateaux mobiles d'Æpinus se prête facilement à la même expérience.

37. Batteries. — L'énergie accumulée dans un condensateur dépend de sa capacité et du potentiel auquel on l'a chargé (**33**). La capacité est proportionnelle à la surface et en raison inverse de l'épaisseur de la lame isolante (**32**). On ne peut diminuer au-dessous d'une certaine limite l'épaisseur de la lame isolante ni augmenter le potentiel d'une manière indéfinie : les deux couches d'électricité qui revêtent les armatures s'attirent mutuellement et au delà d'une certaine limite elles se neutraliseraient en s'ouvrant directement un passage à travers la lame. On peut obtenir par l'association de plusieurs condensateurs des effets qu'on ne saurait obtenir avec un seul. Nous supposerons que ces condensateurs sont des bouteilles de Leyde et que ces bouteilles sont identiques. On les groupe de manière à former des *batteries en surface* ou des *batteries en cascade.*

38. Batterie en surface. — On réunit ensemble toutes les armatures extérieures, ensemble toutes les armatures intérieures; on met les premières en communication avec le sol, les secondes en communication avec la source. Les bouteilles sont sans action les unes sur les

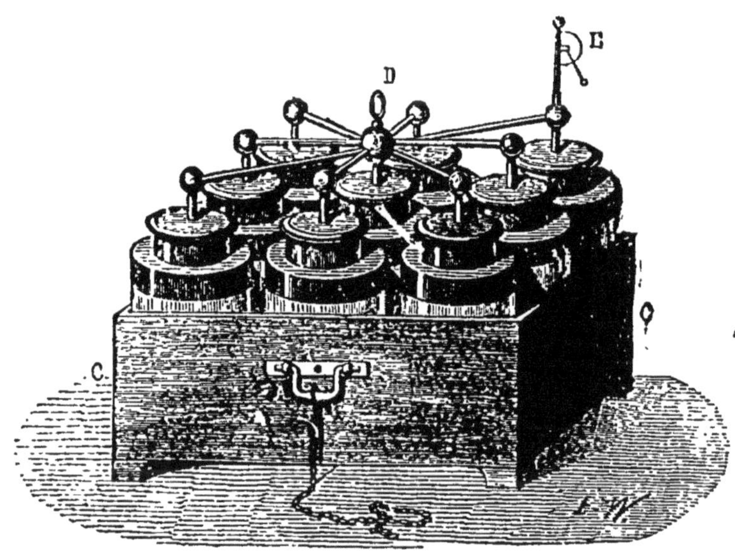

Fig. 28.

autres (16) et se chargent de la même manière. La batterie est équivalente à une bouteille unique qui aurait une surface d'armature égale à la somme des armatures de toutes les bouteilles. On évite ainsi l'emploi de bouteilles de trop grandes dimensions qui seraient à la fois coûteuses et embarrassantes.

39. Batterie en cascade. — On veut avoir une charge à un potentiel élevé que la bouteille serait hors d'état de supporter : on prendra par exemple quatre bouteilles, et, celles-ci étant isolées, on fera communiquer l'armature extérieure de chacune d'elles avec l'armature intérieure de la suivante. L'armature intérieure de la première bouteille est alors mise en communication avec la source de potentiel V, l'armature extérieure de la dernière en communication avec le sol.

La première bouteille prend une charge $+ m$ sur son armature intérieure. Cette charge agit par influence sur le conducteur isolé constitué par l'armature extérieure de la première bouteille et l'armature intérieure de la seconde; elle développe une charge $- m$ sur la partie la plus voisine, c'est-à-dire sur l'armature extérieure qui l'entoure et une charge $+ m$ sur la partie la plus éloignée; si on néglige la capacité du fil de communication, cette charge $+ m$ est tout entière sur l'armature intérieure de la seconde bouteille. Celle-ci agit sur la troisième comme la première avait fait sur la seconde, de sorte que, finalement, toutes les bouteilles ont une charge $+ m$ sur l'armature intérieure et une charge $- m$ sur l'armature extérieure. Remarquons que la source n'a eu à fournir que la charge $+ m$ de la première bouteille.

Quant au potentiel, il est V sur l'armature intérieure de la première bouteille, et $\frac{3V}{4}$ sur l'armature extérieure de la première bouteille et sur l'armature intérieure de la seconde. Il n'y a donc entre les deux armatures qu'une différence de potentiel égale à $\frac{V}{4}$; de même pour les bouteilles suivantes jusqu'à la dernière, dont l'armature extérieure est au potentiel zéro.

Si on réunit les deux armatures extrêmes, on fera tomber la charge m de la première bouteille de la hauteur initiale V, tandis que les bouteilles intermédiaires se déchargeront sur elles-mêmes. Si C est la capacité d'une bouteille, la charge m est égale à $\frac{CV}{4}$, puisque la différence de potentiel entre les armatures est seulement $\frac{V}{4}$. L'énergie mise en jeu sera donc

$$T = \frac{1}{2} m V = \frac{1}{2} \frac{CV^2}{4}.$$

Si on avait mis les quatre bouteilles en surface, on aurait pu les charger au potentiel $\frac{V}{4}$. Chacune d'elles aurait pris une charge $\frac{CV}{4}$ et la batterie entière une charge CV. L'énergie disponible à la décharge eût été

$$T = \frac{1}{2} CV \frac{V}{4} = \frac{1}{2} \frac{CV^2}{4},$$

c'est-à-dire la même que précédemment. Mais les effets auraient été différentes. C'est ainsi que, 100 litres d'eau tombant de 1 mètre ne produisent pas le même effet que 1 litre tombant de 100 mètres, bien que le travail soit le même.

40. Électroscope condensateur. — Quand on a affaire non pas à un corps électrisé, mais à une source d'électricité, on peut augmenter beaucoup la sensibilité de l'électroscope en l'associant à un condensateur. Le condensateur est ordinairement porté par l'instrument lui-même (*fig.* 29); il doit être formé de deux plateaux métalliques, vernis sur les surfaces placées en regard, les deux couches de vernis formant la lame isolante.

On met la source en communication avec l'un des plateaux, le plateau inférieur par exemple, l'autre étant en communication avec le sol. Les communications étant rompues, on enlève le plateau supérieur par un manche isolant. La capacité du plateau inférieur diminue dans une proportion considérable[1] et l'électricité qui s'y était accumulée passe en partie dans les feuilles d'or et les fait diverger. La charge des feuilles d'or est augmentée dans le rapport du pouvoir condensant.

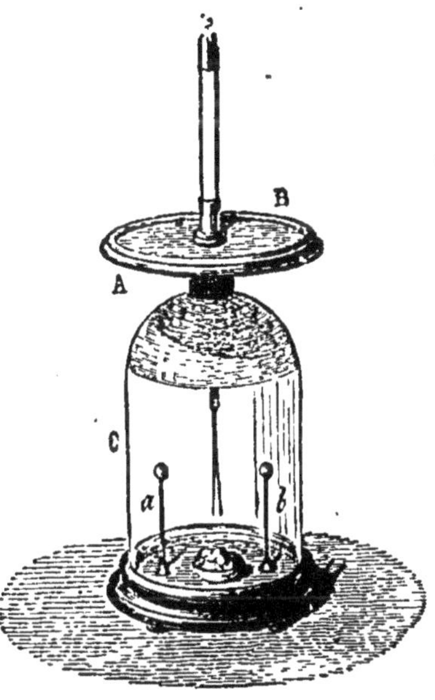

Fig. 29.

Les phénomènes d'absorption électrique (36) expliquent pourquoi il est nécessaire que la lame isolante se compose de deux parties, afin que chacun des deux plateaux emporte avec la moitié contiguë de la lame isolante la charge qu'elle a absorbée.

CHAPITRE VI

EFFETS DE LA DÉCHARGE.

41. Résistance des conducteurs. — La décharge d'un conducteur de capacité C chargé au potentiel V rend disponible une quantité d'énergie égale à $\frac{1}{2}$ CV^2, dont on doit retrouver l'équivalent dans les phénomènes qui l'accompagnent.

1. Un effet analogue se produit dans l'électrophore. Tant que le disque repose sur la résine, sa capacité est très grande; quand on l'éloigne, elle diminue dans une proportion considérable et la charge emportée par le disque le porte à un potentiel très élevé.

Quels que soient les conducteurs par lesquels elle s'effectue, ceux-ci opposent toujours une certaine *résistance* au mouvement de l'électricité ; une partie plus ou moins grande de l'énergie disponible est employée à vaincre cette résistance en donnant une quantité de chaleur équivalente, le reste se dépense dans l'étincelle.

La nature de cette résistance n'est pas connue ; elle n'est pas l'analogue de celle que l'eau éprouve dans un tuyau de conduite. Cette dernière est variable avec la vitesse de l'eau ; au contraire, la résistance électrique d'un conducteur donné est absolument constante et varie seulement un peu avec la température.

On a pris comme unité de résistance *la résistance, à la température zéro d'une colonne de mercure de* 1 *millimètre carré de section et de* 106,3 *centimètres de longueur*[1]. On lui a donné le nom d'*ohm*. Des procédés simples, dont nous dirons un mot plus loin (**169**), permettent de mesurer en ohms la résistance d'un conducteur aussi facilement qu'on mesure le poids d'un corps en grammes.

La résistance d'un conducteur en forme de fil, est en raison directe de la longueur et en raison inverse de la section. Si on désigne par ρ la résistance d'un fil d'un centimètre carré de section, et d'un centimètre de longueur, la résistance d'un fil de même nature de l centimètres de longueur et de s centimètres carrés de section, sera

$$R=\rho\frac{l}{s};$$

le nombre ρ s'appelle la résistance spécifique ou la *résistivité* du corps considéré.

1. Voir plus loin (**64**) la définition théorique de l'ohm.

Les meilleurs conducteurs parmi les métaux, c'est-à-dire ceux dont la résistivité est la plus faible, sont l'argent et le cuivre; la résistivité du fer est sept fois plus grande que celle du cuivre. Celle des alliages est beaucoup plus grandes que celle des métaux simples; elle varie aussi beaucoup moins avec la température[1].

42. Diverses formes de décharge. — Les branches de l'excitateur et les conducteurs employés ordinairement pour la décharge des batteries, sont de grosses tiges de laiton dont la résistance est extrêmement faible et qui, n'absorbant qu'une très faible partie de l'énergie, ne s'échauffent que d'une manière insensible. L'étincelle est alors vive, très bruyante : elle produit dans l'air une violente commotion et arrache de la surface des conducteurs entre lesquels elle éclate, des parcelles de métal. En prenant au contraire un fil long et fin ou encore une corde mouillée, l'étincelle est beaucoup plus grêle; la presque totalité de l'énergie se dépense dans le conducteur.

1. Les nombres suivants donnent en ohms, pour quelques métaux, la résistance d'un fil de 1 mètre de longueur et de [illegible] millimètre carré de section :

Argent et cuivre	0,016
Fer	0,096
Mercure	0,940
Maillechort	0,207

On aura la résistance spécifique en reculant la virgule de 4 rangs vers la gauche. Ainsi la résistance spécifique du cuivre est 0,0000016 ohm. Si R_0 est la résistance d'un conducteur à 0°, la résistance à la température t est donnée par la formule :

$$R_t = R_0 (1 + at).$$

Pour le cuivre, l'argent, l'or, le coefficient a est 0,00380, peu différent de celui des gaz. Il est de 0,0046 pour le fer, 0,0008 pour le mercure et 0,000040 pour le maillechort.

Dans le cas où la résistance est faible, la décharge ne se produit pas d'un seul coup; mais l'électricité oscille violemment d'une armature à l'autre; elle peut même, dans son mouvement de recul, rebondir en suivant la surface du verre d'une armature sur l'autre. Examinée dans un miroir tournant, l'étincelle se montre formée d'étincelles successives, se succédant à des intervalles très courts, de l'ordre par exemple des cent-millièmes ou des millionièmes de seconde. Dans le cas d'une grande résistance, l'étincelle est unique. Le phénomène peut être comparé au mouvement d'un liquide dans des vases communicants; suivant la viscosité du liquide, le niveau reprend sa position d'équilibre, ou bien d'une manière lente et sans la dépasser, ou à la suite d'oscillations dont l'amplitude va en diminuant jusqu'à ce que toute l'énergie ait été absorbée par les frottements.

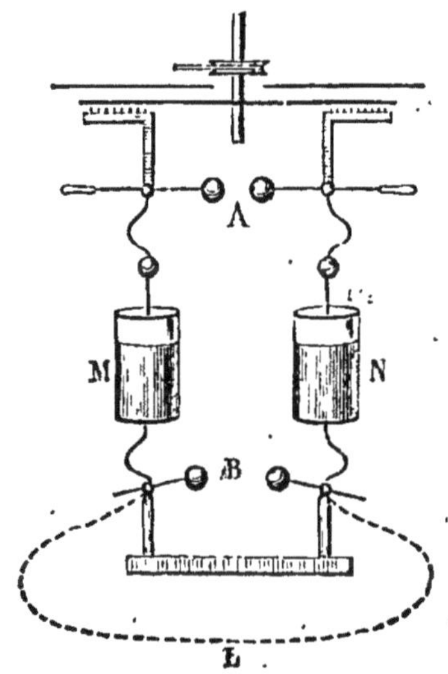

Fig. 30.

L'électricité en oscillations rapides tend à donner des étincelles sur les conducteurs voisins; c'est ce qui oblige à tenir l'excitateur par des manches de verre.

On peut distinguer deux formes très différentes de décharge brusque : l'une qu'on pourrait appeler la forme *préparée*, l'autre la forme *instantanée*.

Considérons deux bouteilles en cascade M et N (*fig.* 30) dont les armatures intérieures soient reliées aux deux pôles d'une machine fournissant les deux électricités (**51**) et les armatures extérieures réunies par un fil métallique L et un excitateur B. Chaque fois qu'une étincelle part en A, une étincelle éclate en B, plus longue, plus bruyante, avec une tendance plus grande aux décharges latérales.

En A, la différence de potentiel entre les deux boules croît d'une manière continue et progressive, et lorsqu'elle a atteint la valeur qui correspond à la distance explosive, l'étincelle éclate. En B, la différence de potentiel, nulle jusque-là, acquiert d'une manière soudaine une valeur considérable et l'étincelle éclate sans préparation préalable et malgré la communication que le fil L établit entre les deux armatures.

43. Fusion et volatilisation des métaux. — Si le conducteur par lequel s'opère la décharge se compose de deux parties de résistances différentes, l'expérience montre que la quantité de chaleur développée se répartit entre les deux proportionnellement aux résistances. On peut donc, en prenant de très gros conducteurs de résistance très faible et intercalant entre eux un fil de grande résistance, concentrer dans ce dernier la presque totalité de la chaleur qui correspond à la décharge. On peut ainsi, avec l'appareil appelé *excitateur universel* (*fig.* 31), élever la température d'un fil de métal quelconque, tendu entre les deux boules D et D', au point de le fondre, et même de le volatiliser. Chaque métal se comporte à sa manière. Le fer se réduit brusquement en gouttelettes qui brûlent en projetant des étincelles et donnant de l'oxyde de fer. L'or, l'argent et

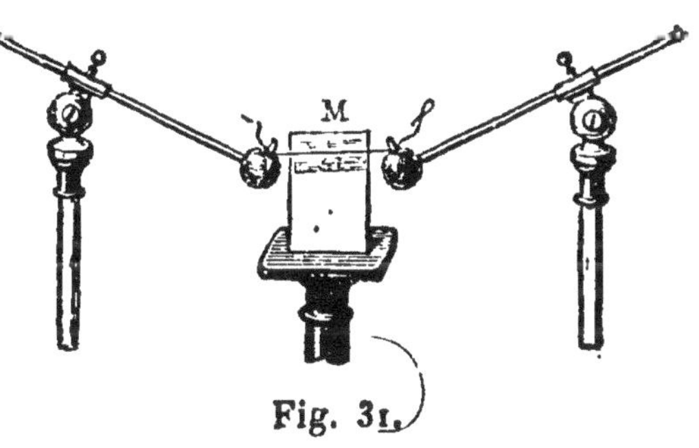

Fig. 31.

le cuivre se volatilisent avec explosion. L'expérience réussit très bien avec des cordons de soie à filet d'or ou d'argent. Le métal disparaît complètement en fumées qui se déposent rapidement. On les recueille sur une carte appliquée contre le fil et sur laquelle elles laissent une tache de forme et de couleur caractéristiques (*fig.* 31). La soie reste généralement intacte.

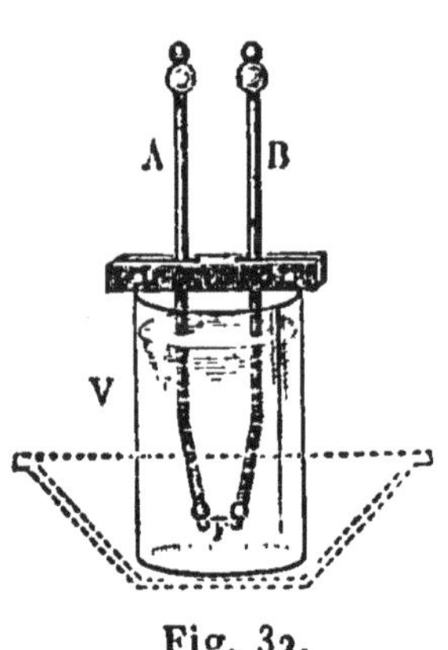

Fig. 32.

L'explosion qui accompagne la volatilisation du métal est le signe d'un ébranlement violent de l'air. Si on fait l'expérience au milieu de l'eau, en plongeant dans un verre, par exemple, les deux extrémités de l'excitateur qui portent le fil (*fig.* 32), cet ébranlement transmis par un fluide incompressible, brise le verre avec un grand fracas. C'est un effet analogue à celui des torpilles.

Dans l'expérience du *Portrait de Franklin* (*fig.* 33),

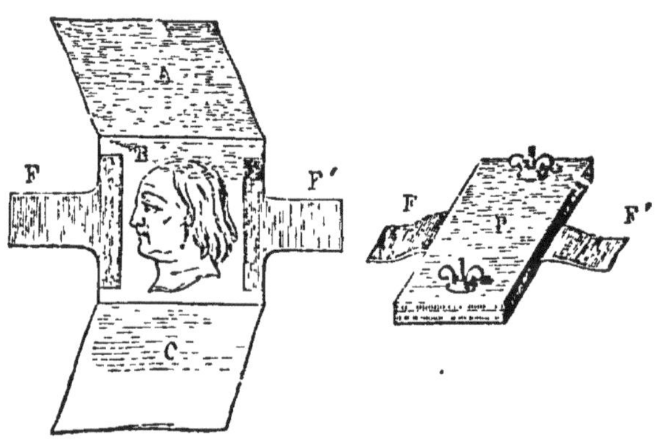

Fig. 33.

on volatilise une feuille d'or appliquée contre un papier découpé qui représente le portrait de Franklin;

de l'autre côté de la découpure on place un ruban de soie blanche, et le tout est pressé entre deux planchettes. La vapeur d'or traverse la découpure et en reproduit le dessin en brun violacé sur le ruban.

44. Passage de la décharge à travers les corps mauvais conducteurs. — Si l'on interpose dans le circuit un corps mauvais conducteur qui n'arrête pas cependant la décharge, la plus grande partie de l'énergie se dépense en travaux mécaniques de déchirement et de rupture. De faibles étincelles peuvent ainsi traverser une feuille de papier ou de carton. Une lame de verre exige une étincelle plus forte. Avec de fortes batteries en cascade on peut percer des blocs de verre de plusieurs centimètres d'épaisseur. La plus grande difficulté de l'expérience est d'empêcher l'étincelle de contourner la lame de verre. Il faut terminer les deux conducteurs en pointe et noyer ces pointes, au contact de la lame, dans un corps mauvais conducteur, comme la cire ou la paraffine (*fig.* 34).

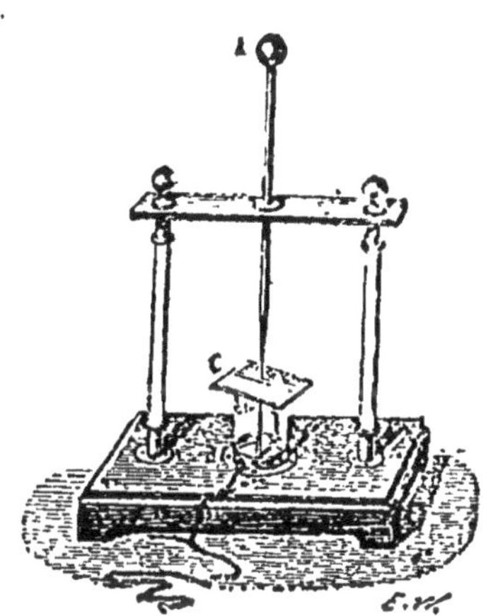

Fig. 34.

45. Formes de l'étincelle. — Le phénomène lumineux qui se produit toutes les fois que l'électricité passe d'un corps sur un autre à travers le diélectrique, donne lieu à des apparences très diverses qu'on peut ramener à trois types : l'*étincelle*, l'*aigrette* et les *lueurs*.

L'*étincelle*, quand elle est courte, apparaît comme un trait rectiligne, très lumineux, d'autant plus épais que la quantité d'électrité mise en jeu est plus considérable. Au fur et à mesure que la distance augmente et que la capacité du conducteur diminue, le trait est moins nourri, devient plus grêle, moins lumineux, prend la forme

Fig. 35.

d'un zigzag et tend à se ramifier de plus en plus (*fig.* 35).

L'*aigrette* a une teinte pâle violacée et s'accompagne d'un bruissement particulier; elle se produit aux points du conducteur où la densité acquiert une grande valeur, sur les parties aiguës ou proéminentes. L'électricité positive seule donne une véritable aigrette présentant une forme ovoïde, rattachée au conducteur par une espèce de pédoncule plus lumineux. Les parties négatives apparaissent comme recouvertes d'une couche lumineuse; une pointe négative porte à son extrémité une petite étoile brillante.

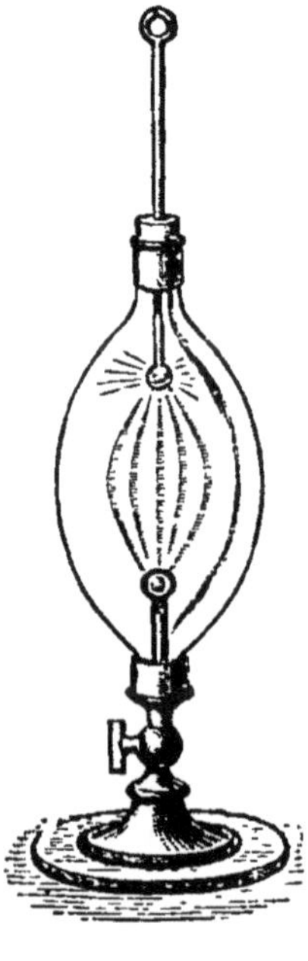

Les *lueurs* se produisent quand on diminue la pression du gaz. L'expérience se fait avec l'*œuf électrique* (*fig.* 36) ou avec les tubes Geissler (*fig.* 37), tubes dans lesquels la pression du gaz est réduite à quelques millimètres. Deux fils de platine soudés dans le verre servent

Fig. 36. Fig. 37.

d'électrodes. La lueur semble toujours partir du pôle positif; le pôle négatif est entouré d'une auréole violette suivie d'un espace plus obscur. La lueur est rose avec l'air, blanche avec l'acide carbonique, d'un bleu violet avec l'hydrogène. D'ailleurs la couleur change avec la densité du flux qui traverse le gaz; avec le tube de la figure 37 rempli d'hydrogène, la lueur qui est bleue dans les parties larges est d'un rouge cramoisi dans la partie capillaire qui les réunit.

Quand la raréfaction atteint un certain degré, la lueur est formée de strates alternativement brillantes et obscures; c'est le phénomène de la *stratification*.

Si on pousse plus loin encore la raréfaction de manière à n'avoir plus qu'une pression de quelques millioniémes d'atmosphère, les lueurs disparaissent et le passage de l'électricité n'est plus manifesté que par la fluorescence du tube de verre, qui prend un éclat extraordinaire dans la partie opposée à l'électrode négative.

46. Distance explosive. — La distance à laquelle l'étincelle éclate entre deux conducteurs dépend surtout la différence du potentiel; elle varie un peu avec la forme des conducteurs et beaucoup avec la pression du gaz. Dans l'air ordinaire, la différence de potentiel est d'environ 5000 volts pour une étincelle de 1 millimètre, de 25000 volts pour une étincelle de 1 centimètre, et de 100000 volts pour une étincelle de 15 centimètres. Le potentiel croît donc moins vite que la distance et d'autant moins que la distance est plus grande.

La distance explosive est à peu près la même pour l'étincelle proprement dite et pour l'aigrette. Pour les très hauts potentiels, l'aigrette se produit spontanément, sans qu'il soit nécessaire d'approcher la main ou un conducteur en communication avec le sol. L'électricité semble s'échapper de tous les points du conducteur surtout des parties proéminentes ou aiguës, et nu fil conducteur paraît entouré d'un cylindre lumineux.

47. Effets chimiques de l'étincelle. — L'étincelle enflamme dans l'air les corps combustibles comme l'alcool, l'éther; elle enflamme les mélanges d'oxygène et de gaz combustibles comme l'hydrogène et ses composés, l'oxyde de carbone, etc. C'est sur cette propriété qu'est fondé l'eudiomètre. Dans l'eudiomètre comme dans le *pistolet de Volta* (*fig.* 38) il suffit de faire passer une étincelle à l'intérieur du mélange détonant. La tige DE est isolée et en même temps que l'étincelle part extérieurement entre le corps électrisé et la boule D, elle part intérieurement entre la boule E et l'armature A en communication avec le sol.

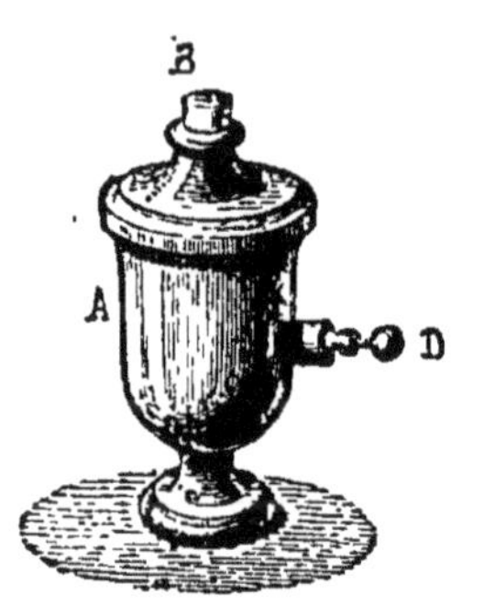

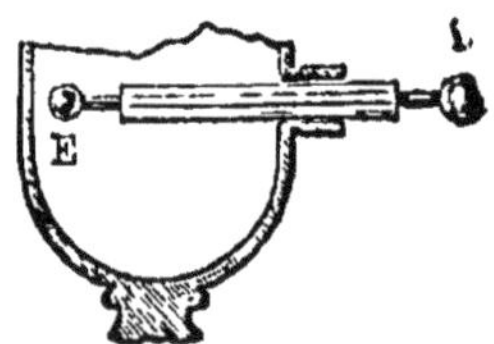

Fig. 38.

Une succession d'étincelles décompose l'ammoniaque en ses éléments, elle détermine la combinaison de l'azote et de l'oxygène. Enfin les aigrettes ou *effluves électriques* transforment l'oxygène en ozone. Une forte odeur d'ozone se répand toujours dans le voisinage d'une machine électrique en activité.

48. Effets physiologiques de l'étincelle. — Lorsque le corps fait partie du circuit traversé par une décharge, on éprouve une commotion qui, suivant l'énergie de la décharge, peut aller depuis une simple piqûre jusqu'à un choc foudroyant. Avec la bouteille de Leyde, la commotion peut être ressentie simultanément par un grand nombre de personnes faisant la chaîne. La première tient la bouteille par la panse, la dernière touche le bouton de l'armature intérieure.

L'expérience montre que l'action physiologique dépend de l'énergie électrique de la décharge, c'est-à-dire à la fois de la chute du potentiel et de la quantité d'électricité mise en mouvement. Ainsi on peut tirer impunément d'une machine électrique ordinaire des étincelles de 20 ou 30 centimètres, tandis qu'une étincelle de quelques millimètres seulement provenant d'une batterie de grande capacité ne serait pas tolérable. Les conditions dans lesquelles s'opère la décharge joue aussi un rôle important : Une batterie qui donnerait une commotion foudroyante dans les conditions ordinaires ne donne qu'une secousse faible quand la décharge a lieu par l'intermédiaire d'une corde mouillée qui a pour effet d'en augmenter la durée et aussi d'épuiser comme résistance une partie de l'énergie disponible. Nous aurons à revenir sur ce sujet (**148**).

CHAPITRE VII

SOURCES D'ÉLECTRICITÉ. — MACHINES ÉLECTRIQUES

49. Théorie générale. — On pourrait donner le nom de machine électrique à toute source continue d'électricité ; on réserve ce nom aux machines électrostatiques dont nous allons nous occuper en premier lieu. On peut les ramener à deux types : les *machines à frottement* et les *machines à influence*.

La théorie générale des unes et des autres est très simple et peut se résumer en quelques mots. Considérons un conducteur creux, isolé, tel que le cylindre de Faraday. Nous savons qu'un corps quelconque électrisé A, introduit dans l'intérieur du cylindre, peut céder toute sa charge à la surface extérieure quelle que soit celle qui s'y trouve déjà (9). Si le corps A est conducteur il suffit du simple contact; s'il est isolant, il suffit que le cylindre soit muni de pointes intérieurement (15). Dans l'un et l'autre cas, le corps A est retiré à l'état neutre et l'opération peut être recommencée indéfiniment.

Le corps A peut être électrisé directement par frottement, ou d'une manière indirecte par influence; on a, suivant le cas, une machine à frottement ou une machine à influence[1].

Dans l'un et l'autre système, la machine se réduit à trois organes essentiels, l'un qui produit l'électricité, un autre qui la transporte, le troisième qui la recueille : un *producteur*, un *transmetteur*, un *collecteur*. L'énergie communiquée au collecteur est fournie par le travail effectué contre les forces électriques quand on transporte le transmetteur depuis le producteur chargé d'électricité contraire qui l'attire, jusqu'au collecteur chargé d'électricité de même signe qui le repousse.

La charge croît comme les termes d'une progression arithmétique, ou ceux d'une progression géométrique, suivant que le transmetteur apporte à chaque opération la même quantité d'électricité ou une quantité proportionnelle à celle qui existe sur le collecteur.

Théoriquement, que la machine procède par addition ou par multiplication, aucune limite n'est imposée à la charge et par suite au potentiel que le conducteur peut atteindre. Pratiquement, la limite sera atteinte quand dans chaque unité de temps, les pertes, qui croissent très rapidement avec le potentiel, compenseront

1. Nous ne comptons pas l'électrophore (24) parmi les machines car si cet appareil fournit de l'électricité, c'est d'une manière essentiellement discontinue.

exactement le gain. Cette limite sera plus ou moins élevée suivant l'état de la machine, les conditions atmosphériques et la rapidité avec laquelle se succèdent les opérations; mais, quelle qu'elle soit, la machine s'y maintiendra pour un régime donné et fournira de l'électricité à un potentiel constant.

50. Machine à frottement. — La machine à frottement la plus répandue, connue sous le nom de machine de Ramsden (*fig.* 39), se compose d'un plateau de verre mobile autour d'un axe horizontal, de deux paires de coussins ou frottoirs C, placés sur le diamètre vertical, et deux conducteurs isolés S en forme de fer à cheval, munis de pointes intérieurement et placés aux extrémités du diamètre horizontal. Ces conducteurs doivent à leur forme le nom de peignes; ils communiquent avec des cylindres isolés D qui en augmentent la capacité.

L'électricité est produite par le frottement du verre contre les coussins, elle est transportée par le plateau jusqu'aux peignes; bien que ceux-ci soient loin de réaliser un conducteur fermé, le plateau en sort à l'état neutre et par suite une quantité d'électricité positive égale à celle qu'il a apportée a passé sur les conducteurs en communication avec les peignes. Le plateau qui se présente à l'état neutre à la seconde paire de coussins s'électrise de nouveau et la même série de phénomènes se reproduit.

Les coussins sont ordinairement en cuir rembourré; ils sont maintenus au contact du plateau par des ressorts; du moment où le contact est assuré une augmentation de pression est sans effet. La surface des coussins est enduite d'une matière pulvérulente, telle que de l'or mussif[1] ou de l'amalgame d'étain ou de zinc, rendue adhérente par un peu de suif. Le verre prend

1. Variété de bisulfure d'étain qui est très friable et a une couleur jaune d'or.

l'électricité positive, les coussins l'électricité négative.

Les coussins sont ordinairement mis en communication avec le sol; la machine donne alors de l'électri-

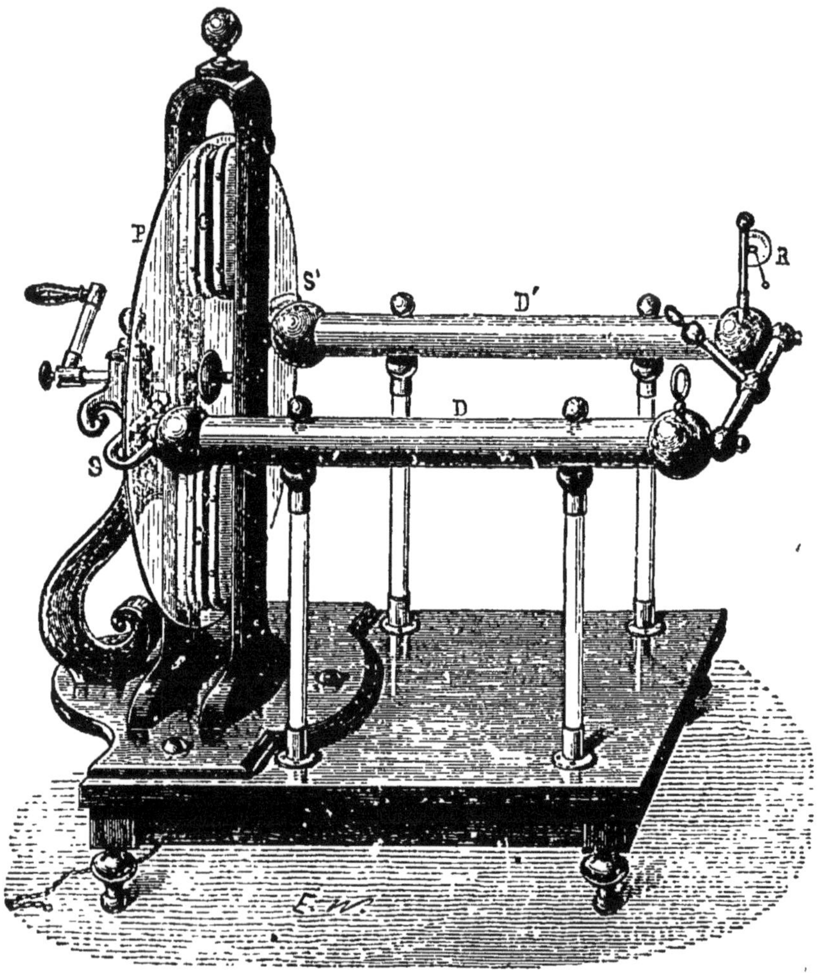

Fig. 39.

cité positive. On pourrait aussi bien les isoler et les mettre en communication avec des conducteurs qui se chargeraient d'électricité négative. Que les coussins soient isolés ou non, la machine fournit la même quantité d'électricité et pour des conditions données, établit une différence de potentiel constante entre les peignes et les coussins. Par exemple, si ce sont les coussins qui sont au sol, le potentiel des peignes est $+ V$; si ce sont les peignes, celui des coussins est $- V$; si tous deux sont isolés, les premiers sont à un potentiel positif, les seconds à un potentiel négatif, tels que la différence soit encore V. Un observateur en communication avec le sol tirera dans ce dernier cas soit des peignes soit des coussins des étincelles moins longues que dans le premier, à moins qu'il ne se mette en relation avec l'un des deux organes pour tirer des étincelles de l'autre.

Pour juger du potentiel du conducteur, on place à l'extrémité un petit pendule R (*fig.* 39) dit *électromètre de Henley*. C'est un pendule à balle de sureau mais dont le fil est rigide et qui se meut devant un cadran. L'écart dépend de la valeur du potentiel et est évidemment plus grand quand les coussins sont au sol que quand ils sont isolés.

51. Machine de Wimshurst. — Nous prendrons comme second exemple de machine, la machine de Wimshurst (*fig.* 40), qui est une machine à influence et à multiplication. Il n'y a plus de frottement entre les organes de la machine. Il suffit d'une charge infiniment petite au début pour la mettre en activité, et comme il est rare qu'un conducteur soit absolument à l'état neutre, la machine s'amorce d'elle-même.

La machine de Wimshurst se compose essentiellement de deux plateaux de verre identiques tournant en sens contraires et munis extérieurement de bandes d'étain disposées dans le sens des rayons. Deux fers à cheval armés de pointes embrassent les deux verres dans le plan horizontal et communiquent avec deux conducteurs terminés par des arcs mobiles qui forment les deux pôles de la machine. Deux conducteurs diamétraux inclinés en sens contraire, à peu près à angle droit, un pour chaque plateau, portent deux petits balais en fils métalliques qui frottent légèrement contre les bandes d'étain.

On approche au contact les boules qui terminent les

Fig. 40.

arcs polaires. La machine mise en mouvement s'amorce d'elle-même ; un bruissement particulier se fait entendre, l'électricité positive afflue vers l'un des pôles, l'électricité négative vers l'autre. Les deux électricités se neutralisent par l'arc métallique en donnant ce qu'on appelle un *courant électrique*. Si l'on éloigne alors un peu les deux boules, le courant persiste, l'électricité franchissant l'intervalle d'air et passant de l'une à l'autre sous forme d'aigrettes. Si on examine les peignes dans l'obscurité, on reconnaît que chacun d'eux laisse échapper par ses pointes de l'électricité de signe contraire à celle du pôle correspondant.

La forme d'aigrette tient à la faible capacité des conducteurs polaires; pour augmenter cette capacité on fait communiquer respectivement chacun des deux pôles avec l'armature intérieure de deux bouteilles de Leyde dont les armatures extérieures communiquent entre elles. Les deux bouteilles forment ainsi une cascade entre les deux pôles et partagent par moitié la différence de potentiel qui existe entre eux (**39**). Les étincelles changent alors de caractère ; elles sont intermittentes, mais beaucoup plus nourries et plus bruyantes ; elles éclatent chaque fois que les armatures intérieures des bouteilles arrivent à présenter la différence de potentiel qui correspond à la distance explosive.

Prenons la machine dans sa période ascendante. Les bandes qui sortent d'un même fer à cheval ont des charges égales et de même signe, mais comme elles marchent en sens opposés, deux bandes qui se croisent sont toujours de signes contraires. Deux bandes qui se croisent réagissent l'une sur l'autre, mais l'action n'est efficace que pour celle qui est en contact avec un balai. Sa charge augmente d'une quantité proportionnelle à celle de la bande qui la croise. Les bandes arrivent donc entre les peignes, avec une charge plus grande à chaque tour; là, non seulement elles perdent leur charge, mais elles en prennent une égale et contraire, de sorte que les pointes ont à fournir une quantité d'électricité égale en valeur absolue au double de celle qui est apportée par les deux plateaux; une quantité équivalente, c'est-à-dire double de celle des plateaux, passe en même temps sur les conducteurs. La charge va en croissant jusqu'au moment où les pertes compensant les gains, le régime devient uniforme.

52. Débit et énergie d'une machine. — Une machine en bon état, à frottement ou à influence, peut donner des étincelles de 15 à 20 centimètres; c'est dire que la différence de potentiel entre les deux pôles peut atteindre et même dépasser 100000 volts. Quant à la quantité d'électricité fournie par seconde ou le *débit*, il est beaucoup plus grand pour les machines à influence que pour les machines à frottement. On peut le mesurer par le nombre de tours nécessaire pour charger à un potentiel connu, c'est-à-dire pour une distance explosive donnée, une batterie de capacité connue.

Supposons par exemple qu'il faille 10 tours de plateau pour charger une batterie de 0,4 microfarad, de manière à lui faire donner une étincelle de 1 millimètre. La distance explosive de 1 millimètre correspondant à 5000 volts, la charge sera $5000 . 0,4 . 10^{-6}$ ou 2.10^{-4} coulombs et le travail correspondant

$$T = \frac{1}{2} MV = \frac{1}{2} 2.10^{-4}.5000 = 0,5 \text{ joules.}$$

Supposons que la machine fasse 12 tours par seconde; elle fournit par seconde un travail de $\frac{12}{10}$ 0,5 = 0,6 joule. Dans ces conditions, sa puissance est de 0,6 watt [1].

Ce travail est emprunté au moteur qui fait tourner la machine. Si on mesure le travail du moteur quand il fait tourner la machine en activité et la machine non amorcée, la différence représente le travail converti en énergie électrique.

1. On appelle *puissance* d'une machine le travail qu'elle fournit par seconde. L'unité de puissance est le *watt*, lequel correspond à un *joule* par seconde.

CHAPITRE VIII

SOURCES D'ÉLECTRICITÉ. — PILES.

53. Élément ou couple de Volta. — Les machines électrostatiques sont des sources à haut potentiel et à faible débit; les piles sont au contraire des sources capables de débiter de grandes quantités d'électricité sous un faible potentiel.

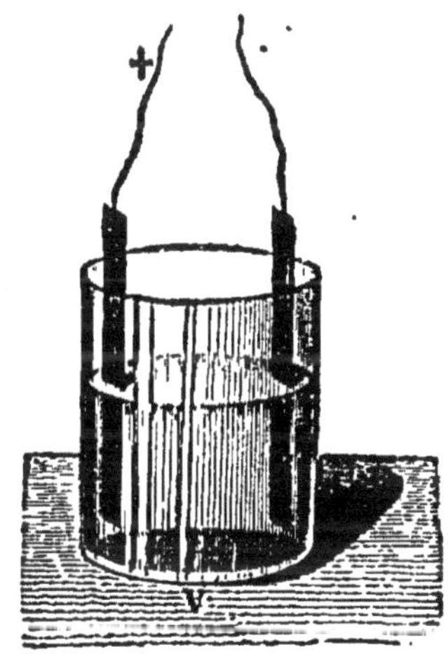

Fig. 41.

Une pile est la réunion d'un certain nombre d'*éléments* identiques entre eux. L'élément ou couple de Volta, se compose (*fig.* 41) d'un vase en verre contenant de l'eau acidulée par l'acide sulfurique et de deux lames, l'une de cuivre, l'autre de zinc amalgamé [1], plongeant dans le liquide. Chacune des lames est munie d'un fil de cuivre, de sorte que les deux extrémités du couple sont constituées par des métaux identiques. L'ensemble forme un conducteur complexe dont les différentes parties ne sont pas au même potentiel. Les deux fils terminaux présentent entre eux une différence de potentiel constante, indépendante de la grandeur des lames, de leur forme, de leur distance et de la valeur absolue de leur potentiel [2]. Ces extrémités s'appellent les *pôles* du couple. Le fil qui

1. Le zinc amalgamé n'est pas, comme le zinc ordinaire, attaqué au contact de l'eau acidulée.

2. Si l'appareil est placé sur un support isolant et qu'on l'électrise, la différence de potentiel entre les deux fils reste la même quelle que soit la valeur absolue du potentiel auquel on les porte.

termine la lame de cuivre est à un potentiel plus élevé que celui qui termine la lame de zinc; on lui donne le nom de *pôle positif;* à l'autre on donne le nom de *pôle négatif.*

Cette différence de potentiel mesure la *force électromotrice* du couple; elle est d'environ un volt. Pour la mettre en évidence, il suffit de faire communiquer un des pôles avec l'aiguille de l'électromètre, l'autre pôle étant en communication avec le sol, c'est-à-dire au potentiel zéro. Si c'est le pôle cuivre qui est en communication

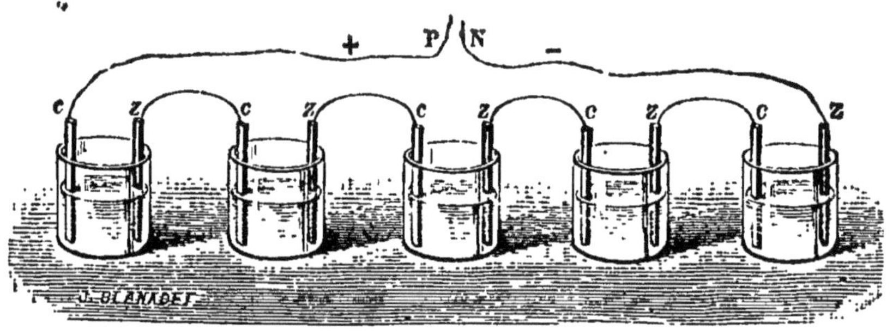

Fig. 42.

avec l'aiguille, la déviation se fait dans le sens positif; si c'est le pôle zinc elle se fait dans le sens négatif et est égale à la première [1].

54. Pile de Volta. — Soit maintenant un nombre quelconque de couples identiques entre eux; nous relions (*fig.* 42), par l'intermédiaire des fils terminaux, le zinc du premier au cuivre du second, le zinc du second au cuivre du troisième et ainsi de suite toujours dans le même sens. Nous avons ainsi constitué une *pile*, dans laquelle les deux fils extrêmes ou les deux *pôles*,

1. Si l'on veut employer l'électroscope à feuille d'or, il faut prendre l'électroscope condensateur (40); l'électroscope simple ne serait pas assez sensible. On pourra mettre l'un quelconque des pôles en communication avec l'un des plateaux, l'autre pôle et

présentent une différence de potentiel égale à autant de fois celle d'un seul couple, qu'on a employé de couples[1]. Le pôle positif ou de plus haut potentiel, est du côté de la dernière lame de cuivre en contact avec le liquide, le pôle négatif ou de plus bas potentiel, du côté de la dernière lame de zinc en contact avec le liquide.

Si la force électromotrice du couple est d'un volt et qu'on en ait employé 10, la différence de potentiel entre les deux pôles, ou la force électromotrice de la pile, est de 10 volts. Si on met au sol ou au potentiel zéro le pôle négatif, le pôle positif est au potentiel $+10$; si c'est le pôle positif qui est au sol, le pôle négatif est au potentiel -10 ; enfin, si c'est le fil qui réunit le cinquième couple au sixième, l'un des pôles est au potentiel $+5$, l'autre au potentiel -5, de telle sorte la différence est toujours égale à 10.

55. Courant électrique. — La pile est donc une ma-

l'autre plateau étant au sol ; ou mettre simultanément les deux pôles, l'un en communication avec le plateau supérieur, l'autre avec le plateau inférieur ; l'écart des feuilles, une fois le plateau supérieur enlevé, sera toujours le même, mais positif ou négatif suivant la manière dont les communications auront été établies.

1. La pile imaginée tout d'abord par Volta (fig. 43), se composait de disques superposés dans l'ordre suivant : un disque de cuivre, un disque de zinc, un disque de drap imprégné d'eau acidulée — puis de nouveau, un disque de cuivre, un disque de zinc, etc.

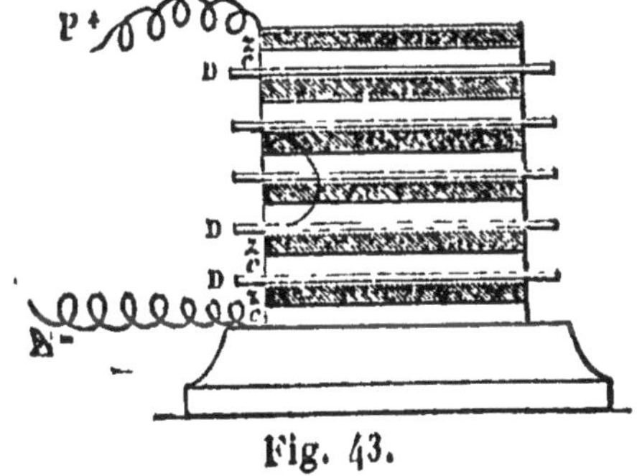

Fig. 43.

L'ensemble formait une *pile* de disques ; d'où le nom de pile donné à l'appareil. Cette forme avait l'inconvénient de soumettre les rondelles de drap à une compression qui en exprimait le liquide. Les deux disques extrêmes sont inutiles et peuvent être supprimés.

chine électrique ayant la propriété de présenter à se deux extrémités une différence de potentiel constante Si on met ses deux pôles en communication avec les ar matures d'un condensateur, une rupture d'équilibre a lieu qui transporte de l'électricité positive sur l'armature en communication avec le pôle positif et de l'électricité négative sur l'autre, jusqu'à ce que la différence de potentiel des deux armatures soit égale à la force électromotrice de la pile.

Un effet analogue se produit quand on réunit les deux pôles par un fil conducteur; seulement l'équilibre ne peut s'établir. Le fil qui réunit les deux pôles tend à faire disparaître la différence de potentiel, mais la force électromotrice de la pile tend à la maintenir: le transport d'électricité positive dans un sens, négative dans l'autre s'effectue d'une manière continue et donne lieu au phénomène du *courant électrique.* Seulement l'expérience montre que le courant s'affaiblit très rapidement.

56. Polarisation de la pile. — Cet affaiblissement est dû à une cause accidentelle, conséquence des actions chimiques qui se produisent dans la pile *fermée*[1] et qui lui fournissent l'énergie qu'elle met en jeu dans le courant. Nous étudierons ces actions en détail (79), pour le moment nous nous contenterons de dire qu'il y a formation de sulfate de zinc et production d'hydrogène qui se dégage sur la lame de cuivre. L'hydrogène adhère au cuivre et recouvre sa surface; la présence de cette couche gazeuse crée une nouvelle force électromotrice inverse de celle de la pile et qui l'annule plus ou moins complètement. On dit alors que la lame est polarisée. Le rôle de la couche d'hydrogène est facile à mettre en évidence. Une lame de cuivre ainsi polarisée mise dans

1. Le zinc amalgamé reste inattaqué au contact de l'eau acidulée tant que la pile est ouverte; mais l'action chimique se manifeste dès que les deux pôles sont réunis.

l'eau en présence d'une lame de cuivre ordinaire, forme un couple dans lequel la lame polarisée joue le même rôle que la lame de zinc dans le couple de Volta.

57. Couples non polarisables. — Il faut empêcher la formation de cette couche d'hydrogène. On y arrive pour un temps, en prenant une lame de cuivre recouverte d'oxyde que l'hydrogène réduit peu à peu. Dans le couple à bichromate de potasse, on remplace l'eau acidulée par une dissolution fortement acide de bichromate de potasse et la lame de cuivre par une lame de charbon de cornue; l'hydrogène réduit le bichromate au contact

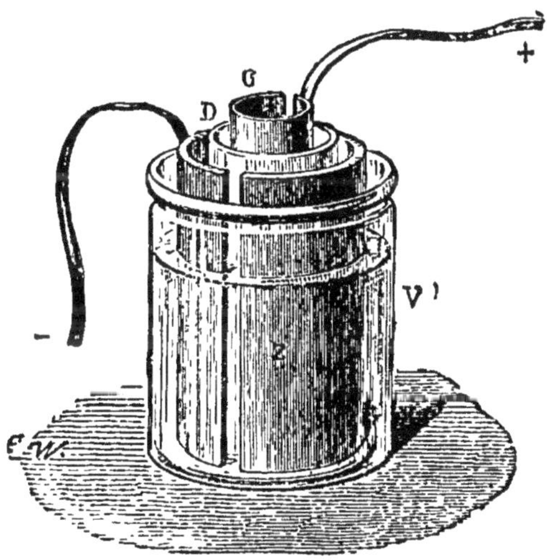

Fig. 44.

du charbon et ne se dégage pas à l'état de gaz. Dans le couple Leclanché, le liquide est une dissolution de chlorhydrate d'ammoniaque et la lame de charbon est entourée de bioxyde de manganèse qui est encore réduit par l'hydrogène. Mais le résultat cherché est obtenu d'une manière plus complète dans les couples à deux liquides. Ces couples peuvent être rapportés à deux types, le *couple Daniell* et le *couple Bunsen.*

Le couple Daniell (*fig.* 44) se compose d'un vase séparé en deux compartiments par une cloison poreuse, membrane animale ou végétale, plaque de porcelaine dégourdie, etc.; l'un des compartiments renferme de l'eau acidulée et une lame de zinc amalgamé; l'autre une dissolution de sulfate de cuivre et une lame de cuivre. Pendant que le zinc se dissout dans le premier compartiment en donnant du sulfate de zinc, le sulfate de cuivre est décomposé dans le second et laisse déposer du cuivre sur la lame de cuivre (79). Les surfaces des métaux sont toujours dans le même état et la force électromotrice reste constante. Cette force électromotrice est de $1^v,07$.

Le couple de Bunsen (*fig.* 45) se compose également d'un vase séparé en deux compartiments par une cloison

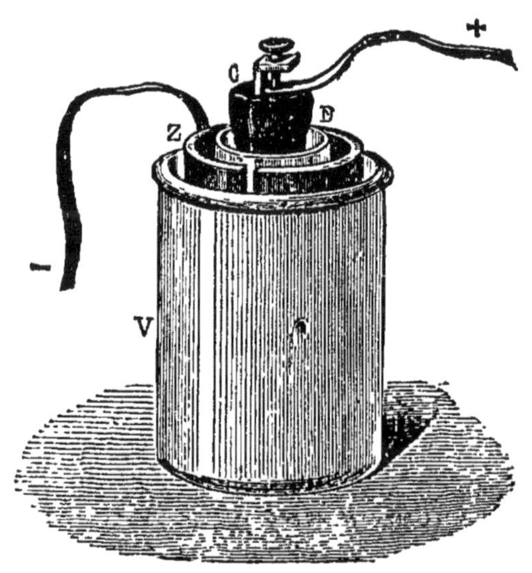

Fig. 45.

poreuse; le premier contient encore de l'eau acidulée et une lame de zinc amalgamé; le second renferme de l'acide azotique du commerce, et une lame de charbon de cornue. En remplaçant le charbon par une lame de platine, également inaltérable, on a le *couple de Grove*. L'hydrogène provenant de la décomposition de l'eau acidulée réduit l'acide azotique en donnant des composés oxygénés inférieurs. La force électromotrice du couple Bunsen est de 1ᵛ,8.

On a varié de bien des manières la forme des différents couples. Il faut se rappeler que la force électromotrice d'un couple ne dépend que de la nature des corps mis en présence et nullement de la forme et des dimensions données au couple ; celles-ci n'ont d'influence que sur sa résistance intérieure.

En résumé, dans tous les couples à liquides il

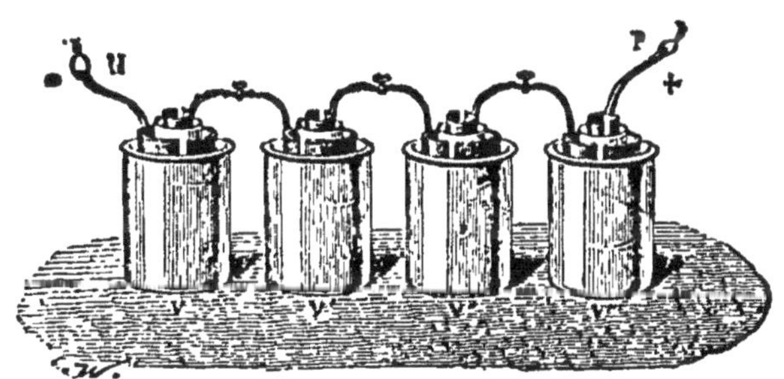

Fig. 46.

y a deux lames en présence : une lame de zinc amalgamé qui est attaquée par le liquide pendant le passage du courant seulement, et une autre lame, de cuivre, de platine, ou de charbon qui reste inattaquée. Le couple est complété par une lame ou un fil de cuivre soudé extérieurement à la lame de zinc. Le pôle négatif est toujours du côté de la lame attaquée, le pôle positif du côté de celle qui ne l'est pas. La nature de la surface de cette dernière lame entre seule en jeu ; une lame dorée se comporte comme une lame d'or quel que soit le métal sous-jacent.

Pour constituer une pile, on place les couples à la file en réunissant le zinc d'un couple au cuivre ou au charbon du suivant (*fig.* 46). La différence de potentiel entre les pôles de la pile *ouverte* est la somme des forces électromotrices de chacun des couples ; elle mesure la force électromotrice de la pile.

CHAPITRE IX

SOURCES D'ÉLECTRICITÉ. — PILE THERMOÉLECTRIQUE.

58. Force électromotrice de contact de Volta. — Volta a montré que le contact de deux métaux suffit pour établir entre eux une différence de potentiel. Cette différence dépend uniquement de la nature des deux corps et de leur température ; elle est indépendante de leurs dimensions, de leur forme, de l'étendue des surfaces en contact et de la valeur absolue du potentiel sur chacun d'eux.

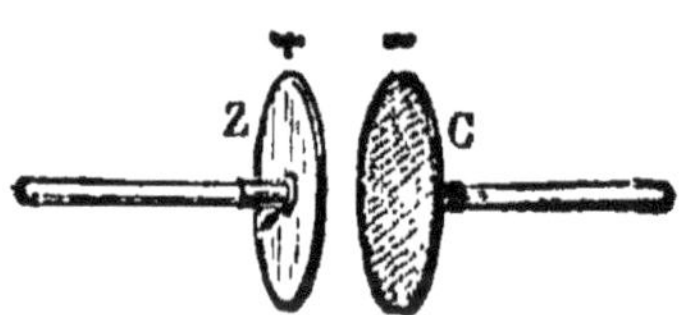

Fig. 47.

Ainsi, deux plateaux (*fig.* 47), l'un de zinc, l'autre de cuivre, tenus par des manches isolants et primitivement à l'état neutre, sont mis en contact, puis séparés : tous deux sont électrisés, le zinc positivement, le cuivre négativement. Les deux plateaux se sont chargés comme les lames d'un condensateur entre lesquelles on aurait établi une différence de potentiel. Les deux électricités de signes contraires forment sur les surfaces en contact deux couches équivalentes qui restent séparées, malgré l'absence d'une lame isolante, en vertu de ce que Volta appelle *la force électromotrice de contact*.

Si pendant que les plateaux sont en contact, on leur communiquait une charge quelconque, la valeur absolue du potentiel du système changerait, mais la différence de potentiel entre les deux plateaux resterait la même.

59. Courants thermoélectriques. — Il résulte de la loi découverte par Volta que le potentiel varie brusquement à la surface de contact de deux métaux. Si les deux métaux forment un circuit fermé dont tous les points sont à la même température, chacun d'eux est évidemment à un potentiel constant. Aux deux soudures on a des chutes égales de potentiel, mais dirigées en sens contraire ; elles se font mutuellement équilibre et ne peuvent déterminer de mouvement d'électricité. Il n'en saurait être autrement sans contradiction avec le principe de la conservation de l'énergie, puisqu'alors il y aurait dans le circuit un mouvement continu d'électricité, produisant du travail sans dépense équivalente. Mais l'expérience montre qu'un courant se produit dès que l'on échauffe l'une des soudures. Les forces électromotrices de contact ne sont plus égales aux deux soudures et quant à l'énergie nécessaire à la production du courant, elle est fournie par la source

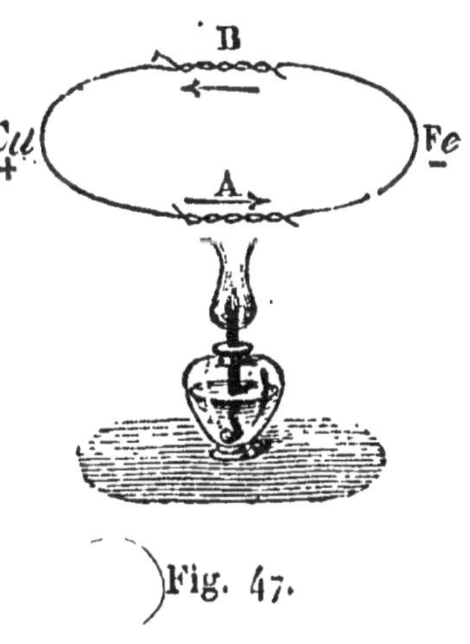

Fig. 47.

même de chaleur qui élève la température de la soudure chaude.

Ainsi, considérons un circuit de deux métaux, cuivre et fer, par exemple, soudés ou simplement en contact en A et en B (*fig.* 47). La soudure B étant à la température atmosphérique t_1, chauffons la soudure A à une température t_2; un courant se produit qui va du cuivre au fer en passant par la soudure chaude. On dit que le cuivre est *positif* par rapport au fer, le fer *négatif* par rapport au cuivre.

Dans la liste ci-après chaque métal est positif par rapport à ceux qui suivent et négatif par rapport à ceux qui précèdent :

Bismuth	Manganèse	Or
Nickel	Argent	Zinc
Platine	Étain	Fer
Palladium	Plomb	Arsenic
Cobalt	Cuivre	Antimoine.

Il est indifférent que les deux métaux soient réunis directement ou par l'intermédiaire d'une soudure.

60. Phénomène de l'inversion. — Pour certains couples le courant va en augmentant d'une manière continue, à mesure qu'on élève la température t_2 de la soudure chaude; mais c'est l'exception. Avec le couple cuivre-fer, par exemple, le courant atteint un maximum pour $t_2 = 274°$; puis il décroît, devient nul et finalement change de sens, le cuivre devenant à son tour *négatif* par rapport au fer. L'inversion a lieu à une température variable qui dépasse autant la température du maximum que celle-ci dépasse la température de la soudure froide ; cette dernière règle est générale.

61. Piles thermoélectriques. — La force électromotrice d'un couple thermoélectrique est toujours très faible; celle de couple bismuth-antimoine, qui est une des plus considérables et que l'expérience montre être, entre 0 et 100°, sensiblement proportionnelle à la différence des températures des deux soudures, est de 0v,000 057 par degré. Comme la résistance de ces couples, entièrement métalliques, peut être rendue extrêmement faible, ils peuvent néanmoins donner des courants assez intenses (**64**).

Un nombre quelconque de couples peuvent être associés de manière à former une pile (*fig.* 48). Ainsi la pile de Melloni, qui est employée dans l'étude de la chaleur rayonnante, est formée de petits barreaux d'antimoine *a*, *a*... alternant avec des barreaux de bismuth *b*, *b*... et disposés de manière que toutes les soudures

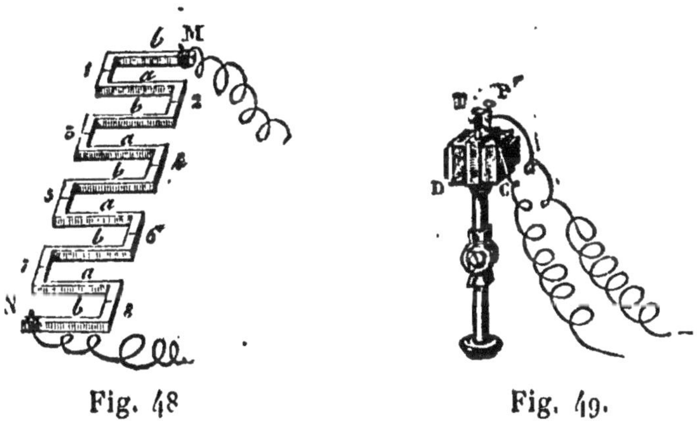

Fig. 48

Fig. 49.

paires soient d'un côté et les soudures impaires de l'autre. On replie la chaîne sur elle-même, tout en laissant les couples isolés, de manière à lui donner la forme d'un parallélipipède rectangle (*fig.* 49), les faces C et D étant celles qui correspondent aux soudures. La force électromotrice est proportionnelle au nombre des couples et à la différence de température des deux faces. Mis en communication avec un galvanomètre (**158**), l'instrument constitue un thermomètre différentiel très sensible.

62. Mesure des températures par les couples thermo-électriques. — La force électromotrice d'un couple étant, pour une température fixe de la soudure froide, une fonction de la température chaude, pourra servir à mesurer cette dernière température.

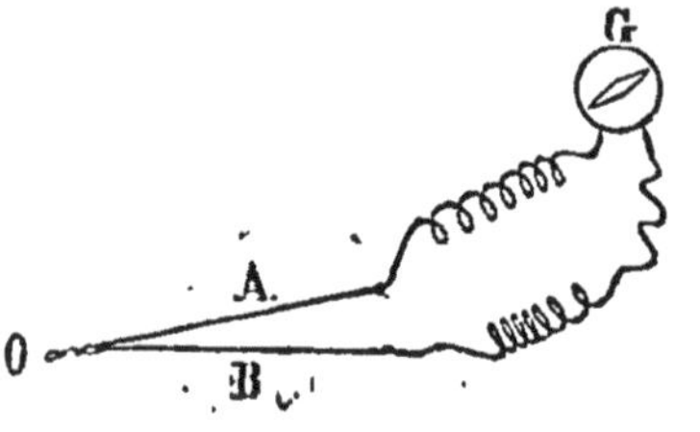

Fig. 50.

La disposition la plus simple consiste à juxtaposer, en les soudant ensemble comme en O (*fig.* 50) les extrémités des deux fils A et B qui forment le couple et à rattacher d'une manière quelconque les deux autres extrémités à un appareil de mesure G, toutes les jonctions à partir de A et de B étant à la même température. On établira une fois pour toutes la courbe des forces électromotrices en fonction de la température.

Le couple platine pur-platine rhodié convient très bien pour la mesure des températures jusqu'à 1200°.

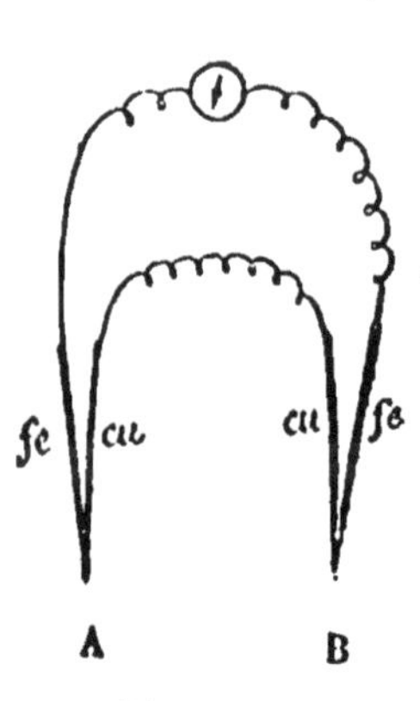

Fig. 51.

Pour les températures moyennes comme celle qu'on rencontre en physiologie on emploie avantageusement l'*aiguille électrique* de Becquerel (*fig.* 51). On fait deux couples identiques qu'on oppose dans le même circuit. La soudure A étant placée au point dont on veut avoir la température dans un muscle par exemple, on met la soudure B dans un bain d'eau dont on fait varier la température jusqu'à ce que le courant soit nul. Les températures des deux soudures sont alors égales, et celle du bain est donnée par un thermomètre à mercure.

Nous terminerons par une dernière remarque. Dans les machines électriques, c'est le travail mécanique qui est transformé en énergie électrique; dans la pile ordinaire, c'est l'énergie chimique; dans la pile thermoélectrique, c'est la chaleur.

CHAPITRE X

PROPRIÉTÉS DU COURANT.

63. Courant électrique. — Tout conducteur qui vient à réunir deux corps à potentiels différents acquiert des propriétés particulières qu'on résume en disant que le conducteur est le siège d'un courant. Le courant peut être momentané comme dans la décharge d'un condensateur, ou permanent comme lorsqu'on réunit les deux pôles d'une machine de Wimshurst ou mieux encore les deux pôles d'une pile.

Une première remarque commune à toute espèce de courants, est que les propriétés ne sont pas les mêmes dans les deux sens, suivant qu'on va du pôle positif au pôle négatif ou inversement. On prend comme sens positif et on appelle *sens du courant* celui qui va du pôle positif au pôle négatif par le fil interpolaire.

Une seconde remarque est que l'état particulier caractérisé par le mot courant est commun à tous les points du *circuit* formé par la pile et le fil interpolaire, et que les propriétés y sont partout les mêmes du pôle positif au pôle négatif dans le fil interpolaire et du pôle négatif au pôle positif dans la pile. Comme d'ailleurs il n'y a nulle part accumulation d'électricité, il faut en conclure que le circuit tout entier est le siège d'une circulation continue telle que chaque section est traversée au même instant par la même quantité d'électricité.

Cela posé, on appelle *intensité du courant* la quantité d'électricité qui traverse par seconde une section quelconque du circuit. L'unité d'intensité est celle qui correspond à un coulomb par seconde. Cette unité s'appelle un *ampère*.

64. Loi d'Ohm. — Nous avons trois quantités à considérer : la force électromotrice de la pile, définie par la différence de potentiel qui existe entre les deux pôles de la pile ouverte, exprimée en volts, E ; — la résistance du circuit comprenant la résistance de la pile et celle du fil interpolaire, exprimée en ohms, R ; — enfin, l'intensité du courant exprimée en ampères, I. Lorsque le courant ne produit aucun travail particulier, ces trois quantités sont reliées par une relation très simple, connue sous le nom de loi d'Ohm :

$$I = \frac{E}{R}; \qquad (1)$$

L'intensité du courant exprimée en ampères est égale au quotient de la force électromotrice exprimée en volts par la résistance du circuit exprimée en ohms.

Cette relation implique qu'on a pris pour unité de résistance celle du circuit dans lequel une force électromotrice d'un volt donne un courant d'un ampère. Telle est la définition théorique de l'ohm laquelle a conduit à la définition pratique donnée plus haut (41).

65. Propriétés du courant. — Variations du potentiel le long du circuit. — Une première propriété caractéristique du courant, facile à mettre en évidence avec l'électromètre, est que le potentiel va en décroissant d'une manière continue le long du fil interpolaire depuis le pôle positif jusqu'au pôle négatif.

Considérons sur le fil deux points A et B, séparés par

une résistance ρ; le sens du courant étant de A vers B, le potentiel de A est plus élevé que celui de B; soit e la valeur de la chute d'autant plus grande que le point B s'éloigne davantage du point A; si I est l'intensité, l'expérience montre que l'on a toujours

$$(2) \qquad e = I\rho.$$

En particulier, si r est la résistance du fil interpolaire, la formule (2) donne pour la différence E' de potentiel entre les deux pôles de la pile *fermée*

$$(3) \qquad E' = Ir.$$

Cette différence est plus petite que la force électromotrice E de la pile, c'est-à-dire la différence de potentiel qui existe entre les deux pôles de la pile *ouverte*; celle-ci, en vertu de la loi d'Ohm, est

$$E = I(r + r')$$

r' étant la résistance de la pile. On en déduit

$$(4) \qquad E' = Ir = E - Ir' = E\frac{r}{r + r'}.$$

I r' est la chute de potentiel qui se produit dans la pile en vertu de sa résistance.

66. Courants dérivés. — Supposons que le fil interpolaire se bifurque entre deux points A et B (*fig.* 52). Soient r et r' les résistances des deux branches, i et i' les courants qui les parcourent, I l'intensité dans le reste du circuit; le courant se comporte comme le ferait un courant d'eau : le flux se partage entre les deu: bras

$$I = i + i' ;$$

et la chute est la même dans chacun d'eux

$$ir = i'r' ;$$

on tire de ces équations

$$i = I \frac{r'}{r+r'}, \qquad i' = I \frac{r}{r+r'}.$$

Si on désigne par R la résistance équivalente aux deu:

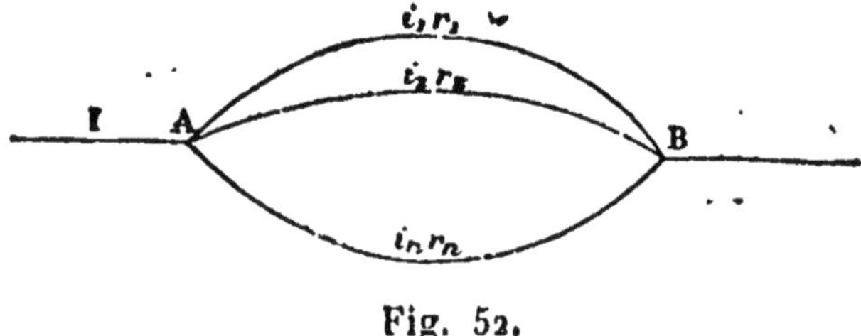

Fig. 52.

fils, c'est-à-dire la résistance unique que donnerait l même chute de potentiel entre A et B, on a (65)

$$ir = i'r' = IR$$

et par suite

(5) $$\frac{1}{R} = \frac{1}{r} + \frac{1}{r'}.$$

Il est facile de voir que si on remplaçait les deux déri vations entre A et B par un faisceau multiple de conduc teurs, on aurait de même

(6) $$\frac{1}{R} = \frac{1}{r} + \frac{1}{r'} + \frac{1}{r''}\cdots$$

Si on convient d'appeler *conductibilité* d'un conducteur l'inverse de sa *résistance*, cette dernière formule exprime que *la conductibilité totale d'un faisceau de conducteurs est égale à la somme des conductibilités des conducteurs dont il se compose.*

67. Divers arrangements des piles. — Supposons qu'on dispose de n couples identiques, de force électromotrice e et de résistance intérieure ρ, on peut monter la pile de plusieurs manières. Nous désignerons par E la force électromotrice de la pile, par r' sa résistance, par r la résistance interpolaire, enfin par R la résistance totale $r+r'$ du circuit.

Fig. 53

Pile en série. — On peut d'abord, comme nous l'avons supposé jusqu'à présent, placer tous les couples à la suite les uns des autres en série linéaire (*fig.* 53)[1]; on a $E=ne$, $r'=n\rho$. La loi d'Ohm donne

$$(7) \qquad I=\frac{ne}{n\rho+r}.$$

Considérons deux cas extrêmes : celui où la résistance interpolaire est très grande comparativement à celle de la pile; c'est le cas ordinaire des transmissions télégraphiques; la formule se réduit sensiblement à $I=\frac{ne}{r}$. L'intensité croît à peu près comme le nombre des couples; — et celui, au contraire, où la résistance r est très faible, la formule se réduit sensiblement à

$$I=\frac{ne}{n\rho}=\frac{e}{\rho};$$

1. Nous figurons ici un élément de pile par deux traits parallèles et inégaux, le plus petit représentant la lame positive.

l'intensité est presque la même qu'avec un seul couple et on ne gagne rien à en augmenter le nombre.

Pile en batterie. — On peut au contraire juxtaposer tous les éléments, en réunissant ensemble tous les pôles positifs, ensemble tous les pôles négatifs (*fig.* 54). On a alors $E = e$, $r' = \frac{\rho}{n}$ et la loi d'Ohm donne

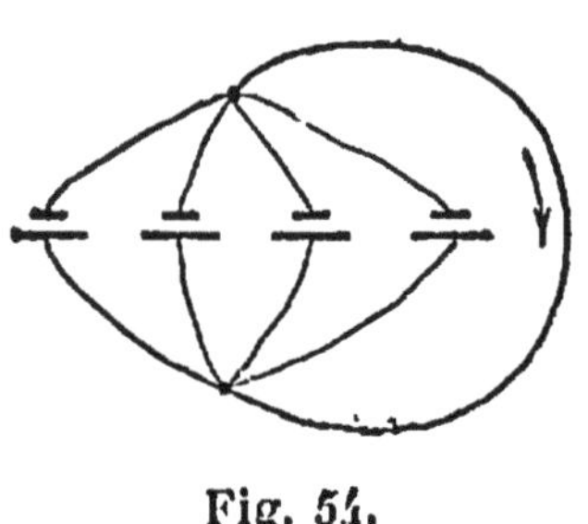

Fig. 54.

$$(8) \qquad I = \frac{e}{\frac{\rho}{n} + r} = \frac{ne}{\rho + nr}.$$

Faisons les mêmes suppositions : pour r très grand, on a sensiblement

$$I = \frac{ne}{nr} = \frac{e}{r},$$

c'est-à-dire l'intensité qu'on aurait avec un seul couple. — pour r très petit,

$$I = \frac{ne}{\rho}$$

l'intensité augmente sensiblement, comme le nombre des couples.

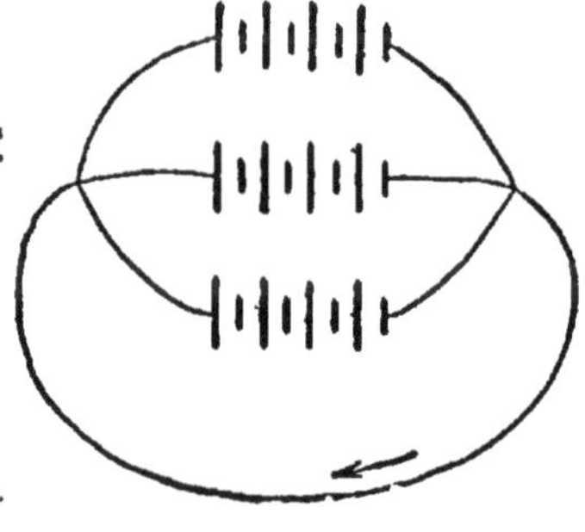

Fig. 55.

Pile en séries parallèles. — Une disposition intermédiaire consistera à disposer les n couples en q séries parallèles de p couples chacune (*fig.* 55). On a dans ce cas $E = pe$ et $r' = \frac{p\rho}{q}$, avec $pq = n$.

La loi d'Ohm donne

$$(9) \qquad I = \frac{pe}{\frac{p\rho}{q} + r} = \frac{pqe}{p\rho + qr} = \frac{ne}{qr + \frac{n\rho}{q}}.$$

Sous cette dernière forme on voit que le dénominateur est la somme de deux termes dont le produit est constant. La somme sera minimum et I maximum si les deux termes sont égaux, c'est-à-dire si l'on a :

$$r = \frac{n\rho}{q^2} = \frac{p\rho}{q} = r',$$

c'est-à-dire si la résistance de la pile est égale à celle du fil interpolaire.

CHAPITRE XI

ACTIONS CALORIFIQUES DU COURANT.

68. Loi de Joule. — Une seconde propriété caractéristique du courant est d'échauffer les conducteurs qu'il traverse. Nous avons déjà constaté le fait pour la décharge. Il est facile par les méthodes calorimétriques ordinaires de mesurer la quantité de chaleur produite dans un temps t par le passage du courant dans une portion quelconque du circuit : il suffit d'introduire cette portion dans un calorimètre. L'expérience montre que la quantité de chaleur dégagée dans chaque unité de temps, est proportionnelle à la résistance de la portion considérée et au carré de l'intensité. Soit Q la quantité de chaleur exprimée en calories dégagée dans un temps t et J l'équivalent mécanique de la calorie égal à 4,17 joules, JQ est le travail calorifique exprimé en joules;

on trouve, I étant l'intensité du courant et r la résistance considérée,

$$(1) \qquad JQ = I^2 r t\,;$$

L'énergie calorifique dégagée dans un conducteur pendant l'unité de temps est égale au produit du carré de l'intensité par la résistance du conducteur.

C'est la loi de Joule. La chute de potentiel le long du conducteur est Ir, la quantité d'électricité qui tombe dans chaque seconde est I; le travail électrique est I^2r. La chaleur dégagée dans une portion du conducteur n'est donc que l'équivalent calorifique du travail des forces électriques dans cette portion. Si le courant ne produit aucun autre travail, toute l'énergie fournie par la pile est ainsi convertie en chaleur. L'énergie fournie par la pile dans le temps t est EIt, le travail calorifique est I^2Rt, en appelant R la résistance totale du circuit. Si on égale ces deux quantités, on retombe simplement sur la loi d'Ohm.

69. Cas d'un travail extérieur. — Nous verrons que le courant peut accomplir d'autres travaux que l'échauffement du circuit. Dans ce cas une partie de l'énergie fournie par la pile est employée à produire ce travail, et le reste seulement à échauffer le circuit; l'intensité du courant a nécessairement une valeur plus faible que dans le premier cas; si on la désigne par I′ et qu'on représente par T le travail exprimé en joules qui correspond à chaque seconde, on a

$$(2) \qquad EI' = I'^2 R + T.$$

Si le travail est accompli entre deux points A et B du circuit et qu'on mesure la chute de potentiel entre ces deux points, on la trouve plus grande que celle que comporte la résistance qui les sépare; elle la surpasse d'une quantité e telle que $eI' = T$.

Cette valeur, portée dans l'équation (2), la réduit à

$$E = I'R + e$$

d'où l'on tire

$$I' = \frac{E - e}{R}.$$

Les choses se passent donc comme si l'on avait introduit dans le circuit une force électromotrice e *inverse* de celle de la pile. Comme le travail effectué par seconde est eI', on voit que la force électromotrice inverse est égale numériquement au travail effectué par seconde par chaque unité du courant.

Les expériences qui suivent sont des conséquences de la loi de Joule. Si on forme une chaîne de bouts de fils métalliques, de platine, par exemple, alternativement fins et gros, et qu'on y fasse passer un courant, on verra les fils fins rougir pendant que les gros s'échaufferont à peine. — De même, dans une chaîne formée de bouts d'égal diamètre, les uns de platine, les autres d'argent, les premiers rougiront quand les seconds seront encore obscurs ; la chaleur spécifique du platine est, il est vrai, plus faible que celle de l'argent, mais l'effet en est dû surtout à ce que sa résistance est plus grande.

D'autre part, si on prend un fil long et fin de platine ou de fer, et qu'on diminue progressivement la partie intercalée dans le circuit, on voit celle-ci s'échauffer de plus en plus, jusqu'à la fusion, l'intensité du courant augmentant à mesure que la résistance du circuit diminue. De même, ayant pris une longueur de fil de fer de grandeur convenable pour qu'elle arrive au rouge sombre, si on vient à refroidir, en la plongeant dans l'eau, une portion de ce fil, le reste devient incandescent : en refroidissant une portion de fil on diminue sa résistance (**41**), par suite celle du circuit et on augmente l'intensité du courant.

Sans la déperdition de la chaleur par voie de rayonnement, la température d'un conducteur traversé par un courant continu irait en croissant indéfiniment. La température qu'il atteint est celle pour laquelle le gain est à chaque instant égal à la perte.

La perte par refroidissement varie d'ailleurs suivant que le fil est nu ou recouvert d'une enveloppe isolante, qu'il est libre ou enroulé sur une bobine. Avec le cuivre, on admet en pratique qu'il ne faut pas dépasser 6 ampères par millimètre carré de section si le fil est nu, et 2 ou 3 ampères s'il est recouvert.

70. Éclairage par incandescence. — Dans la lampe à incandescence si repandue aujourd'hui, un filament de charbon placé dans le vide est porté à la température du rouge blanc par le passage du courant (*fig.* 56).

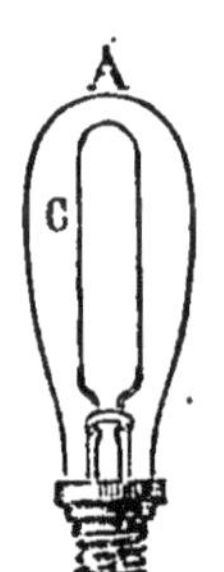

Fig. 56.

Une lampe ordinaire, dite de 16 bougies, fonctionne avec un courant de 0,8 ampère et une différence de potentiel de 100 volts.

L'énergie consommée par seconde est de $100 \times 0{,}8 = 82$ watts, un peu plus d'un dixième de cheval. Sur cette quantité, un dixième seulement est converti en énergie lumineuse, le reste est dépensé en rayons calorifiques non lumineux.

Les lampes d'une même installation sont généralement placées en dérivation (**66**).

71. Arc voltaïque. — Davy ayant attaché deux tiges de charbon aux pôles d'une pile formée d'un grand nombre d'éléments en série et les ayant écartées doucement après les avoir mises en contact, vit jaillir entre les deux pointes une espèce de flamme à laquelle il donna le nom d'*arc électrique*. Le phénomène est tellement brillant qu'on ne peut l'observer qu'à travers un verre noirci; un procédé plus commode est de projeter sur un écran, au moyen d'une lentille, l'image de l'arc et des deux charbons. On reconnaît que l'arc a bien moins d'éclat que les pointes mêmes des charbons (*fig.* 57); que le charbon positif est plus lumineux et sur une plus grande longueur que le charbon négatif, ce qui est l'indice d'une température plus élevée; que le charbon positif se creuse en forme de cratère, tandis que le charbon négatif se taille en pointe; enfin que le charbon positif s'use plus vite que le charbon négatif. Dans le vide, à part l'action de l'air sur les charbons, les choses se passent de la même manière et on constate nettement qu'il y a transport de matière du charbon positif au charbon négatif.

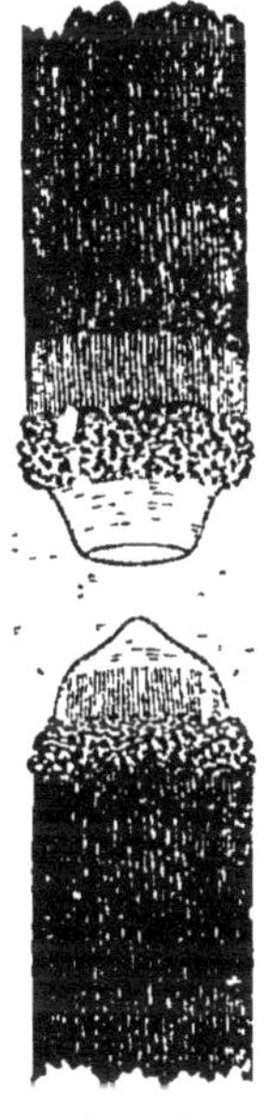
Fig. 57.

La température de l'arc est la même que celle du charbon positif; elle a été évaluée à 3500°. Elle est la même pour les arcs faibles et pour les plus puissants qu'on puisse obtenir; cette température correspond en effet à un phénomène physique parfaitement défini : l'ébullition du carbone.

L'ébullition de carbone n'est pas d'ailleurs un phénomème simple. Le carbone, tel que nous le connaissons, est un corps dans un état de condensation particulier : en même temps qu'il se vaporise, sa molécule se dédouble; il y a à la fois un phénomène chimique et un phénomène physique.

Si on mesure, au moyen de l'électromètre, la différence de potentiel qui existe entre les deux charbons, on ne la trouve jamais inférieure à 30 volts. Elle varie de 30 à 60. Elle se compose de deux parties : l'une fixe, correspondant au travail de la volatilisation du carbone, et se comportant comme une force électromotrice inverse (69); l'autre qui varie avec l'intensité du courant et avec l'écart des charbons, et qui est due à la résistance interposée.

La force électromotrice inverse de l'arc explique pourquoi on ne peut obtenir d'arc avec une pile de Bunsen, par exemple, comptant moins de 25 éléments. L'expérience montre d'ailleurs que le courant doit être au moins de 5 ampères.

Il résulte de là qu'on peut prendre $30 \times 5 = 150$ watts comme le minimum de travail correspondant à un arc. Une belle lumière électrique, d'une intensité de 100 carcels correspond à peu près à une intensité de 15 ampères et à une différence de potentiel de 50 volts aux charbons, soit à un travail de 750 watts ou sensiblement un cheval.

L'intensité lumineuse croît beaucoup plus vite que l'énergie dépensée ; aussi, eu égard à la quantité de lumière fournie, les gros foyers sont beaucoup plus économiques que les petits.

72. Four électrique. — La haute température de l'arc a été utilisée pour effectuer des réactions à haute température. Le four se compose essentiellement d'une enceinte de charbon à l'intérieur de laquelle l'arc électrique jaillit entre deux électrodes horizontales en charbon. Le tout est enfermé dans un bloc de pierre calcaire. M. Moissan a réduit dans cet appareil les oxydes de chrome, de manganèse, d'uranium; il a volatilisé tous les métaux, et, parmi les corps composés les plus réfractaires, la silice et la chaux. L'intensité des courants employés a été portée jusqu'à 1000 ampères, la chute de potentiel étant de 80 volts. On met ainsi en jeu dans un espace d'un petit nombre de centimètres cubes, une énergie de $1000 \times 80 = 80\,000$ watts, c'est-à-dire une puissance de plus de 100 chevaux.

73. Soudure électrique. — L'arc électrique est donc de tous les procédés de chauffage connus celui qui permet de concentrer la plus grande quantité de chaleur en un point donné. L'industrie commence à s'en servir pour la soudure autogène des métaux, du fer par exemple. Pour souder deux plaques de tôle, on les applique l'une sur l'autre, et les ayant mises en communication avec le pôle négatif d'une pile de 80 à 90 volts, on promène le long de l'arête le charbon positif; l'arc qui éclate entre le charbon et le fer, fond le fer sur son passage et soude intimement les deux pièces sans interposition de métal étranger.

Un autre procédé tout différent pour souder les pièces bout à bout, consiste à *aborder* les deux pièces convenablement travaillées en les pressant l'une contre l'autre et à faire passer un courant capable d'amener la fusion des surfaces de contact. On peut souder ainsi des barres d'acier ayant jusqu'à 50 millimètres de diamètre. Le courant doit avoir une grande intensité sous une faible force électromotrice. Il s'obtient au moyen d'un transformateur (**143**)[1].

1. L'appareil est, par exemple, disposé de manière qu'un courant moyen de 20 ampères et de 600 volts dans la bobine primaire donne 1 volt et 12000 ampères dans la bobine secondaire (**143**).

CHAPITRE XII

ACTIONS CHIMIQUES DU COURANT.

74. Électrolyse. — Si on coupe le fil interpolaire, et qu'on plonge les deux extrémités dans un liquide, de manière à compléter le circuit par une colonne de ce liquide (*fig.* 58), deux cas peuvent se présenter : ou le liquide se comporte à la manière de l'air, comme un isolant parfait, et il n'y a aucune trace de courant; — ou le courant passe, et alors, sauf quand il s'agit d'un corps simple comme le mercure ou un métal fondu, le liquide est décomposé. Jamais un liquide n'agit à la manière d'un simple conducteur et ne laisse passer une quantité quelconque d'électricité sans une décomposition corrélative.

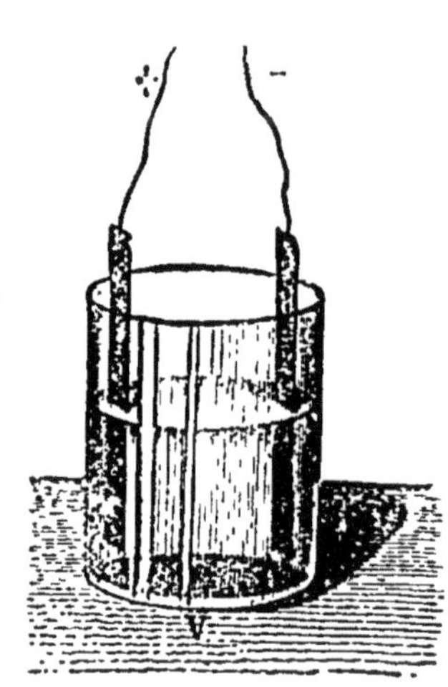

Fig. 58.

Le phénomène a reçu le nom d'*électrolyse*; on appelle *électrolyte* le liquide soumis à la décomposition, et *électrodes* les deux conducteurs qui servent l'un à l'entrée, l'autre à la sortie du courant; le premier, qui communique avec le pôle positif, s'appelle l'*électrode positive*; le second, qui communique avec le pôle négatif, l'*électrode négative*.

Les seuls corps susceptibles d'électrolyse paraissent être les sels en dissolution ou fondus. Les liquides proprement dits, à l'état de pureté, l'eau, l'alcool, l'éther, etc., ne sont pas de véritables électrolytes. Un sel est formé d'un métal uni, soit à un radical simple tel que Cl, Br, soit à un radical composé tel que SO^4, AzO^3.... Sous l'action du courant, *la séparation se fait toujours entre le métal et le radical qui lui est uni.*

Les éléments de la décomposition n'apparaissent *jamais* dans la masse même du liquide, mais *seulement* sur les électrodes, *le métal sur l'électrode négative, le radical simple ou composé sur l'électrode positive.*

Ainsi, si l'on prend comme électrodes deux lames de platine et qu'on les plonge dans une dissolution de sulfate de cuivre SO^4Cu, le cuivre se précipite sur l'électrode négative en la recouvrant d'un enduit rouge, tandis que le radical SO^4 apparaît sur l'électrode positive sous forme d'oxygène gazeux qui se dégage et d'acide sulfurique SO^4H^2 qui reste en dissolution autour de la lame [1].

75. Actions secondaires. — On désigne sous ce nom les phénomènes chimiques qui ne sont pas dus à l'action directe du courant mais qui résultent des réactions mutuelles des corps mis en présence par suite de l'électrolyse.

Ainsi, dans la décomposition du sulfate de cuivre, si on prend comme électrode positive une lame de cuivre au lieu d'une lame de platine, il ne se dégage pas d'oxygène, mais le radical SO^4 s'unit au cuivre pour reformer une quantité de sulfate de cuivre exactement égale à celle qui a été décomposée dans le même temps; dans chaque unité de temps, l'électrode positive perd juste autant de cuivre qu'il s'en dépose sur l'électrode négative et la dissolution garde alors une composition constante.

Avec un sel alcalin tel que le sulfate de potassium SO^4K^2, la décomposition se fait comme pour le sulfate

1. Par suite de la réaction : $SO^4 + H^2O = SO^4H^2 + O$.

de cuivre; seulement, le potassium se dégageant sur l'électrode négative au contact de l'eau, la décompose, forme de la potasse et dégage de l'hydrogène. Finalement, il se dégage de l'oxygène sur l'électrode positive et de l'hydrogène sur l'électrode négative; en même temps on trouve de l'acide sulfurique en dissolution autour de la première et de la potasse autour de la seconde. On fait ordinairement l'expérience avec un tube en U (*fig.* 59) qu'on remplit d'une dissolution de sulfate de potassium colorée avec du sirop de violette et dans lequel on place comme électrodes deux lames de platine. Le liquide rougit du côté A où se dégage l'oxygène et verdit du côté B où se dégage l'hydrogène.

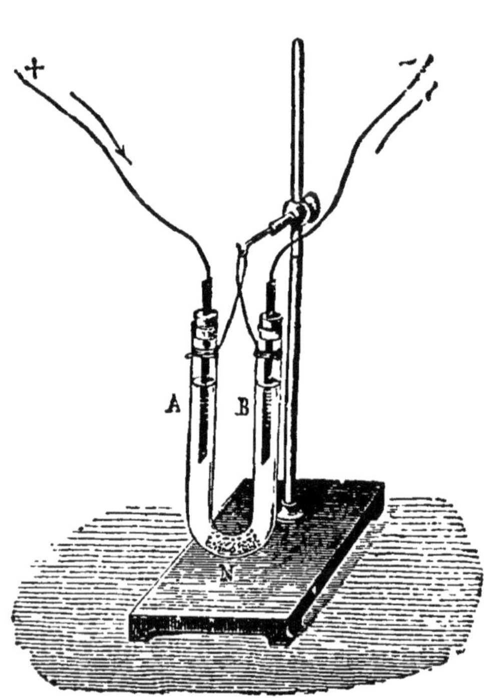

Fig. 59.

La complication est plus grande encore avec le sel marin en dissolution; on a de l'hydrogène et de la soude sur l'électrode négative, mais de l'oxygène, de l'acide chlorhydrique et des composés oxygénés du chlore, notamment de l'acide hypochloreux sur l'électrode positive.

76. Décomposition de l'eau, de la potasse, etc. — C'est l'eau qui a fourni le premier exemple de décomposition par le courant. L'expérience se fait ordinairement avec un appareil appelé *voltamètre*, parce qu'il peut servir, comme nous le verrons, à mesurer le courant. C'est un vase en verre (*fig.* 60), dont le fond a été percé de deux trous dans lesquels on a mastiqué deux fils ou deux lames de platine servant d'électrodes. L'oxygène se dégage sur l'électrode positive, l'hydro-

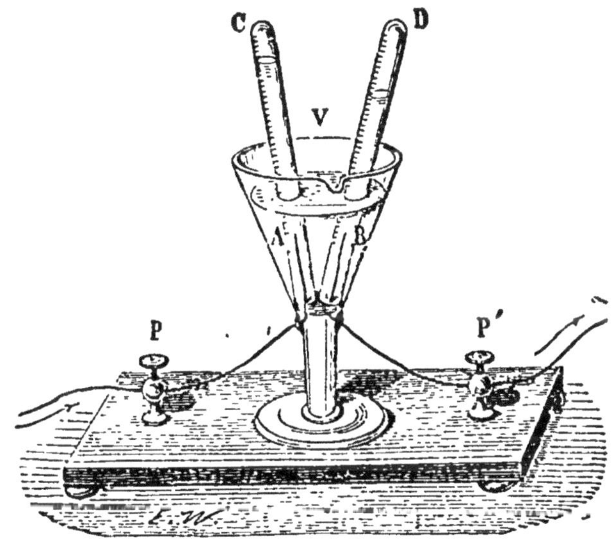

Fig. 60.

gène en quantité double sur l'électrode négative. En réalité cette décomposition de l'eau rentre dans la règle générale : l'eau doit toujours être additionnée d'un acide, d'acide sulfurique par exemple; cet acide peut être considéré comme un sel dans lequel l'hydrogène joue le rôle de métal; c'est lui et non l'eau qui subit la décomposition; il se reforme constamment tant qu'il reste de l'eau en excès.

Il faut interpréter de la même manière la célèbre expérience par laquelle Davy a obtenu pour la première fois le potassium. Un morceau de potasse humide (*fig.* 61) est placé sur une lame de platine formant l'électrode positive; dans une cavité ménagée à la partie supérieure, on met du mercure et le fil négatif. Avec une force électromotrice suffisante, on voit de l'oxygène se dégager sur la lame positive et le mercure augmenter de volume et s'épaissir par son union avec le potassium. On peut ensuite isoler le potassium en vaporisant le mercure dans un gaz inerte. En réalité on a agi sur l'hydrate de potassium KOH qui s'est comporté comme un sel.

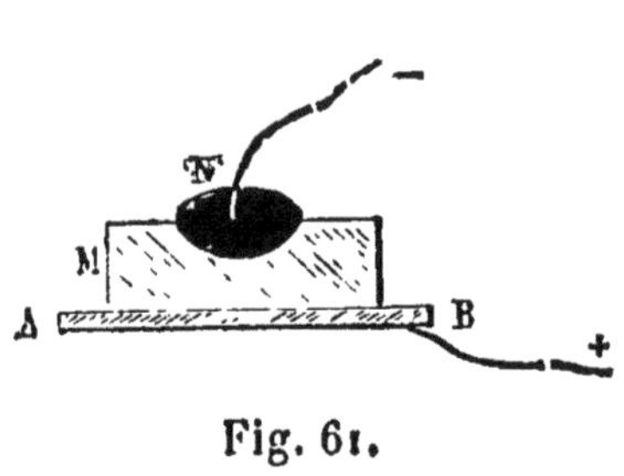

Fig. 61.

77. Loi de Faraday. — La quantité d'électrolyte décomposée par le courant dépend uniquement de la quantité d'électricité qui passe. La loi quantitative de l'électrolyse peut se mettre sous la forme suivante :

Quel que soit l'électrolyte, un coulomb décompose toujours une même fraction de son équivalent en poids[1].

Si l'équivalent est rapporté à celui de l'hydrogène pris pour unité et exprimé en gramme, cette fraction est égale à 0,00001035 ou $\frac{1}{96600}$.

1. Équivalent chimique et non poids atomique. On sait que l'équivalent est égal au poids atomique pour les éléments monovalents et à la moitié du poids atomique pour les autres.

Les formules des sels de sesquioxydes devront être ramenées à celles des sels de protoxydes; ainsi on écrira en équivalents : $Fe^{\frac{2}{3}}Cl$, $Sn^{\frac{1}{2}}Cl$, $Fe^{\frac{2}{3}}O,SO^3$, etc.

Si on prend la notation atomique, la loi pourra être énoncée de la manière suivante : *Une même quantité d'électricité* (96600 coulombs) *décompose le poids du sel qui correspond à une valence du radical*, soit les poids représentés par KCl, $\frac{1}{3}AuCl^3$, $\frac{1}{4}PtCl^4$, $\frac{1}{6}(SO^4)^3Fe^2$, etc.

La loi s'applique aussi bien aux liquides qui constituent la pile qu'à ceux qui font partie du circuit extérieur. Dans une pile bien établie, il n'y a pas d'action chimique tant que le circuit reste ouvert ; quand on ferme le circuit, l'action chimique qui se produit est uniquement celle qui résulte du passage du courant, conformément à la loi de Faraday.

Par conséquent, quel que soit l'acide du sel et le temps employé à l'opération, que l'électrolyte fasse partie du circuit interpolaire ou de la pile, que l'électricité passe sous forme de courant ·ontinu ou de décharge, un coulomb réduit 0^{gr},00033 de cuivre, 0^{cc},001118 d'argent, il décompose 0^{gr},0000316 d'eau et dégage 0^{gr},0000103 d'hydrogène représentant à 0° et à 76 un volume de 0^{cc},1155. Et comme le même nombre de coulombs traverse simultanément toutes les parties du circuit, toutes les actions chimiques qui se produisent simultanément, sur le parcours s'effectuent en quantités équivalentes. Ainsi, partout où il se dégage de l'hydrogène, dans les voltamètres ou dans les couples, il s'en dégage le même volume. Et si quelque part il s'est dégagé 1 gramme d'hydrogène, il s'est déposé en même temps 31^{gr},8 de cuivre, 108 grammes d'argent, et dans chacun des éléments de la pile montée en série, il a été dépensé 33 grammes de zinc qui ont été convertis en sulfate.

Si le circuit présente des dérivations, il n y a, bien entendu, à tenir compte, dans chaque dérivation, que de la quantité d'électricité qui lui correspond [1].

1. Il est facile de vérifier expérimentalement ces conséquences :

1° On met dans un même circuit, à la suite les uns des autres, plusieurs voltamètres différant par la forme du vase, la grandeur

78. Définition pratique du coulomb et de l'ampèr — La loi de Faraday nous donne une définition trè simple du coulomb et de l'ampère.

Le coulomb est la quantité d'électricité qui m en liberté $0^{gr},001118$ d'argent ou un volume d'hy drogène de $0^{cc},1155$ mesuré dans les conditions no males.

L'ampère est l'intensité du courant qui met en libert $0^{gr},001118$ d'argent par seconde.

Réciproquement, on pourra déduire l'intensité d'u courant du poids d'argent ou du volume d'hydrogèn qu'il aura mis en liberté dans un temps connu. Suppo sons par exemple qu'on ait recueilli dans le voltamètr 138,6 centimètres cubes d'hydrogène en 5 minutes, le vo lume étant ramené à 0° et à la pression de 76^c : le nom

des électrodes, la nature de la substance, acide ou base, qui ren l'eau conductrice, la température, etc. ; tous sont traversés par même quantité d'électricité et tous dégagent dans un même tem la même quantité d'hydrogène.

2° On prend trois voltamètres quelconques ; on met deu d'entre eux en dérivation l'un par rapport à l'autre et troisième dans la partie non divisée du circuit ; la quanti d'électricité qui traverse le troisième est la somme d quantités d'électricité qui traversent les deux premiers (66) la quantité d'hydrogène qu'il dégage est aussi la somme d quantités d'hydrogène dégagées dans les deux premiers.

3° On place à la suite les uns des autres plusieurs volt mètres ou cuves électrolytiques, par exemple un premier volt mètre à eau acidulée, un second renfermant de l'acide chlorhydriqu une cuve renfermant du sulfate de cuivre, etc. ; tous les vases so traversés par la même quantité d'électricité ; ceux qui dégage de l'hydrogène en donnent le même volume ; le troisième donn un poids de cuivre qui est au poids de l'hydrogène comme 31^{gr} est à 1^{gr}.

4° On intercale parmi les couples qui constituent la pile, u couple de volta disposé de manière à ce qu'on puisse recueill l'hydrogène qui se dégage sur la lame de cuivre ; le volume c cet hydrogène est celui qui se dégage dans un voltamètre que conque placé dans le circuit extérieur.

bre des coulombs qui ont traversé le voltamètre a été de 1200 et l'intensité du courant supposé constant était de 4 ampères[1].

79. Travail chimique dans la pile. — Il est facile, en appliquant les lois de l'électrolyse, de se rendre compte de ce qui se passe dans les couples des différents types.

Dans le couple Volta, le courant traverse l'eau acidulée de la lame de zinc à la lame de cuivre; l'hydrogène qui descend le courant se dégage sur la lame de cuivre; l'acide sulfurique et l'oxygène qui le remontent, se portent sur la lame de zinc et donnent du sulfate de zinc.

Dans le couple Daniell, le courant rencontre dans le premier compartiment l'eau acidulée qu'il électrolyse; le radical remontant le courant va s'unir au zinc, l'hydrogène qui le descend marche vers la cloison poreuse. Dans le second compartiment, le courant traverse la dissolution de sulfate de cuivre; le cuivre descendant le courant se porte sur la lame de cuivre, le radical qui le remonte se dirige vers la cloison poreuse. L'hydrogène H^2 et le radical SO^4 qui marchent en sens contraires vers la cloison poreuse reconstituent l'acide sulfurique SO^4H^2. Pour chaque molécule de sulfate de cuivre décomposée, il se forme une molécule de sulfate de zinc.

Dans le couple Bunsen, les choses se passent de la même manière pour l'eau acidulée et la lame de zinc; elles sont un peu plus compliquées, par suite des actions secondaires, pour l'acide nitrique et le charbon. Finalement l'hydrogène réduit l'acide nitrique et forme

1. La loi de Faraday s'applique également aux décharges. Supposons qu'on ait fait passer à travers un voltamètre, pendant 10 minutes et à raison de 1 par seconde, les décharges d'un condensateur de 1 microfarad chargé au potentiel de 100 volts; la quantité totale d'électricité ayant traversé le voltamètre est de $10^{-6}.100.600 = 6.10^{-2}$: la quantité d'hydrogène dégagée sera $^{cc},1155.6.10^{-2}$, environ 7 millimètres cubes.

des composés nitrés d'un degré d'oxydation plus faible qui se dissolvent ou se dégagent. Les liquides du couple éprouvent des modifications continues qui expliquent pourquoi ce couple est moins constant que le couple Daniell.

La seule différence qui existe entre le travail chimique d'un couple voltaïque et celui d'un voltamètre est que le premier correspond nécessairement à des réactions qui, considérées dans leur ensemble, fournissent de la chaleur. C'est à la chaleur fournie par ces réactions qu'est empruntée l'énergie du courant. En somme, une pile voltaïque est une machine qui transforme l'énergie chimique en énergie électrique.

Dans un couple Daniell, le travail chimique se réduit finalement à la substitution d'un atome de zinc à un atome de cuivre dans le sulfate de cuivre. Ce travail correspond à 50600 calories.

La décomposition d'une molécule d'eau qui met en liberté deux atomes d'hydrogène en dépense 69000. Un couple Daniell ne pourra opérer la décomposition de l'eau dans un voltamètre. Mais deux couples mis à la suite l'un de l'autre qui ajouteront leurs énergies, comme ils ajoutent leur forces électromotrices, opéreront facilement la décomposition. L'excédent de chaleur se dépensera dans le circuit conformément à la loi de Joule. La décomposition de l'eau peut avoir lieu par un seul élément Bunsen.

Comment se fait-il que le courant ne s'établisse pas quand on met un voltamètre dans le circuit d'un seul couple Daniell? C'est une conséquence de la polarisation des électrodes du voltamètre, c'est-à-dire de l'espèce d'union formée entre l'hydrogène et l'électrode positive. La décomposition peut commencer par ce que les premières traces d'hydrogène ne se dégagent pas à l'état de gaz, mais restent unies à la lame de cuivre, et que, dans ces conditions, la décomposition d'une molécule d'eau demande moins de 69000 calories; elle se continue ainsi jusqu'à ce que la force électromotrice inverse, due à la polarisation, soit égale à celles du couple. Il y a alors équilibre et le courant cesse.

80. Accumulateurs. — Le phénomène de la polarisation, qui a été pendant longtemps une pierre d'achoppement en électricité, a reçu un application très heureuse dans les *accumulateurs* imaginés par Planté.

Si, après avoir fait passer un courant dans un voltamètre, on supprime le courant et qu'on réunisse les deux lames par un fil conducteur, celui-ci est traversé par un courant dû à la force électromotrice de polarisation et qui va de l'ancienne électrode positive à l'ancienne électrode négative. Ce courant dure jusqu'à ce que les gaz accumulés sur les lames aient disparu. L'effet est surtout marqué avec des lames de plomb. Les accumulateurs sont formés de deux lames de plomb parallèles et très rapprochées plongées dans l'eau acidulée (*fig.* 62). On les met en communication avec une source d'électricité en leur faisant jouer le rôle d'électrodes.

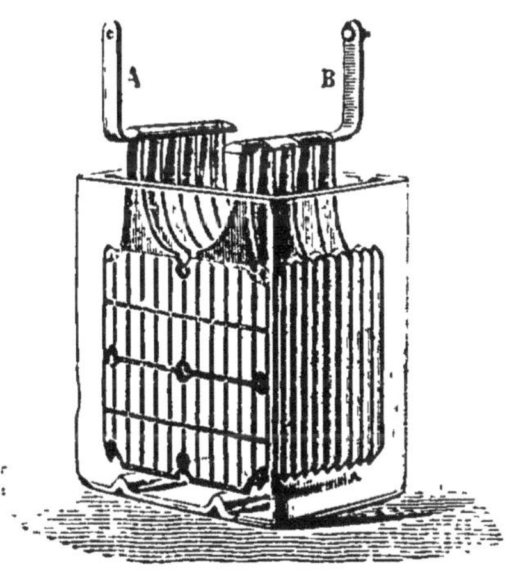

Fig. 62.

Pendant la charge, la lame qui sert d'électrode positive se transforme plus ou moins profondément en un oxyde supérieur de plomb, tandis que la lame négative se réduit si elle était préalablement oxydée, et absorbe de l'hydrogène soit en formant un hydrure, soit par occlusion. Un dégagement abondant d'hydrogène sur l lame négative avertit de la fin de la charge. On sup prime alors la source. L'appareil est prêt, dès qu'o réunira les lames extrêmes par un fil interpolaire, restituer presque sans déchet sous forme d'électricité l'énergie électrique qui s'y est accumulée. La plaqu qui formait l'électrode positive pendant la charge, de vient le pôle positif pendant la décharge ; on l'appell la plaque positive de l'accumulateur.

La décharge se divise en deux périodes, l'une pendan laquelle la force électromotrice reste très sensiblemen constante et voisine de 2 volts, l'autre pendant laquell la force électromotrice diminue très rapidement. On avantage à n'utiliser que la première et à recharger le accumulateurs avant l'épuisement complet.

Les accumulateurs se *forment* par l'usage, c'est-à-dir que leur capacité devient d'autant plus grande qu'il ont été chargés et déchargés un plus grand nombre d fois. Par les oxydations et désoxydations successives, l plomb acquiert une structure spongieuse qui facilite le réactions.

Bien des procédés ont été employés pour accélérer l formation des accumulateurs et augmenter leur capacité Ces procédés reviennent à composer la plaque de deu parties, l'une inactive qui en forme pour ainsi dir le squelette et qui est ordinairement faite de plomb antimonié peu oxydable, l'autre active et soutenu par la première et qui est formée de plomb spongieu obtenu par la réduction d'un oxyde.

Avec des accumulateurs bien formés on peut emmagasiner pratiquement 10000 à 20000 coulombs par kilogramme de plomb. La décharge se faisant sous un chute de 2 volts, l'énergie disponible est de 20000 à

40 000 joules par kilogramme de plomb. Naturellement cette énergie se dépensera dans un temps plus ou moins long suivant l'intensité du courant de décharge.

81. Applications de l'électrolyse. — Les procédés qui utilisent le courant pour mettre en liberté le métal contenu dans un sel ont donné naissance à deux industries importantes : la galvanoplastie et la métallurgie électrique. Dans la première, on se propose de recouvrir du métal la surface d'un objet ou d'en prendre une empreinte métallique ; dans la seconde on a en vue l'extraction ou la purification du métal.

La galvanoplastie utilise presque exclusivement le cuivre, le nickel, l'argent et l'or.

L'objet à recouvrir forme l'électrode négative ; sa surface doit être conductrice ; si elle ne l'est pas par elle-même, on la rend conductrice en la frottant avec de la plombagine. Il y a avantage à prendre comme électrode négative une lame du métal même qui forme la dissolution ; cette lame perd autant de métal que l'électrode négative en gagne et la dissolution garde une composition constante. En outre, comme il se produit dans la cuve deux actions chimiques égales et de sens contraires, le travail de l'électrolyse est nul ou sensiblement nul ; le seul travail à demander à la pile est celui qui correspond à la résistance de la cuve électrolytique ; une force électromotrice très faible est suffisante.

Pour la reproduction en cuivre d'une médaille, on prend l'empreinte en gutta-percha. Cette empreinte est *inverse* ou *négative*, c'est-à-dire que les creux s'y trouvent en relief et les reliefs en creux. On enduit la face à recouvrir de plombagine et on l'emploie comme électrode négative dans une dissolution de sulfate de cuivre. On arrête l'opération quand la couche de cuivre a une épaisseur suffisante et on la sépare du moule de gutta-percha. C'est ainsi qu'on obtient les clichés qui donnent les figures d'un livre tel que celui-ci.

Lorsqu'on veut recouvrir de métal la surface d'un objet, métallique lui-même, le fer de nickel, le cuivre d'argent ou d'or, il faut que la surface de l'objet soit parfaitement décapée et sans action sur la dissolution. Pour le nickelage on emploie le sulfate double de nickel et d'ammonium ; pour l'argent, le cyanure double d'argent et de potassium; pour l'or, le cyanure double d'or et de potassium.

Les deux principales branches de l'électrométallurgie sont pour le moment l'affinage du cuivre et la fabrication de l'aluminium. Les usines métallurgiques proprement dites livrent le cuivre en plaques d'un métal très impur; on les emploie comme électrodes positives et on reçoit le métal sur une lame mince de cuivre pur qui forme l'électrode négative. Les matières étrangères, parmi lesquelles se trouvent généralement de l'or et de l'argent tombent au fond du bain et sont l'objet d'un traitement spécial.

On a vu comment Davy avait obtenu pour la première fois par le courant le potassium et le sodium. Pour ces métaux les procédés purement chimiques sont plus avantageux. C'est l'inverse pour l'aluminium. On retire ce métal de l'alumine ou de la cryolithe qui est un fluorure double d'aluminium et de sodium. L'électrolyse ne pouvant avoir lieu que sur un corps à l'état liquide, il faut opérer à haute température pour maintenir le minerai fondu. On emploie comme électrodes des lames de charbon de cornue.

CHAPITRE XIII

MAGNÉTISME. — PHÉNOMÈNES FONDAMENTAUX.

82. Aimants naturels et artificiels. — On donne le nom de *pierres d'aimant* à certains échantillons d'oxyde de fer naturel (Fe^3O^4) qui jouissent de la propriété d'attirer le fer. Tous les points de la pierre d'aimant ne possèdent pas cette propriété au même degré : quand on roule la pierre dans la limaille de fer, celle-ci s'amasse de préférence en certains points et y reste suspendue sous forme de houppes.

Par simple frottement et sans rien perdre elle-même, la pierre d'aimant peut communiquer à l'acier la propriété d'attirer le fer. Les aimants d'acier sont appelés *aimants artificiels*, par opposition avec les premiers qu'on appelle *aimants naturels*. L'expérience montre d'ailleurs que les propriétés des uns et des autres sont les mêmes ; les aimants artificiels, à cause de leur forme plus simple et plus régulière, sont seuls employés. Cette forme est le plus souvent celle d'un parallélipipède ou d'un losange très allongés. Le parallélipipède s'appelle un barreau aimanté, le losange une aiguille aimantée.

83. Pôles des aimants. — Quand on plonge un barreau dans la limaille, celle-ci s'attache surtout aux extrémités (*fig.* 63). On donne à ces extrémités actives le nom de *pôles de l'aimant*. La portion médiane sans action s'appelle la *ligne* ou la *zone neutre*. L'expérience du *spectre magnétique* montre, d'une manière frappante,

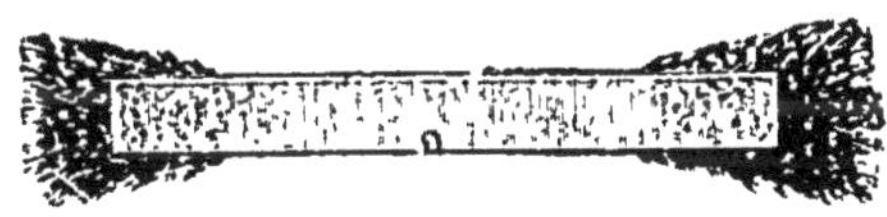

Fig. 63.

comment l'action émane des extrémités et s'exerce à distance tout autour de l'aimant.

On place au-dessus du barreau une lame mince de verre ou de carton et on y répand de la limaille de fer d'une manière uniforme. En donnant à la lame de petites

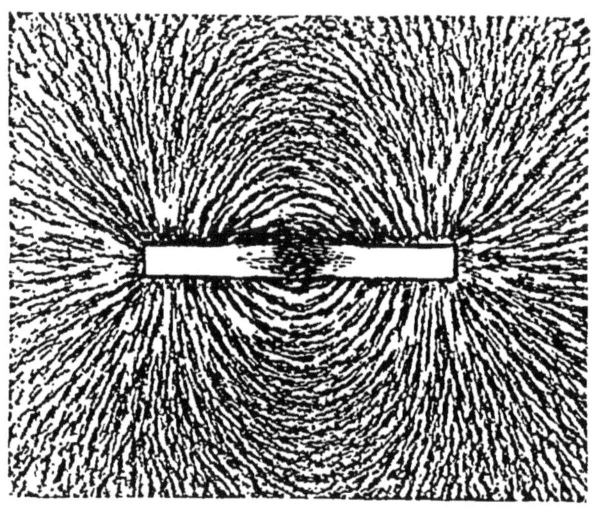

Fig. 64.

secousses, on voit (*fig.* 64) les grains de limaille s'aligner en courbes régulières qui partent d'un point de la surface pour aboutir au point symétrique de l'autre extrémité.

Cette expérience capitale et sur laquelle nous aurons à revenir plus d'une fois, montre que l'aimant n'agit pas seulement sur la limaille au contact; mais que l'action s'exerce à distance tout autour de lui; elle montre en même temps que cette action s'exerce à travers le verre; on constaterait de même qu'elle se transmet sans altération à travers une substance quelconque, le fer excepté.

On donne le nom de *champ magnétique* à la portion de l'espace où s'étend l'action de l'aimant et on appelle *lignes de force* du champ les lignes dessinées par la limaille.

84. Distinction des pôles. — Au point de vue de l'action sur la limaille de fer, rien ne distingue un pôle de l'autre ; l'expérience suivante montre cependant que les deux moitiés de l'aimant ne sont pas identiques.

Une seconde propriété caractéristique de tout aimant est de prendre, quand on le suspend horizontalement, une direction fixe dans l'espace, la même en un même lieu pour tous les aimants ; l'aimant écarté de cette direction y revient quand on l'abandonne à lui-même ; cette direction est à peu près du sud au nord. Or c'est toujours la même extrémité qui se dirige vers le nord et non indifféremment l'une ou l'autre. On appelle *pôle nord* celle qui se tourne vers le nord, *pôle sud* celle qui se tourne vers le sud. Pour reconnaître immédiatement les pôles d'un aimant, on marque le premier d'un N, l'autre d'un S.

85. Actions réciproques des aimants. — Les aimants réagissent les uns sur les autres. Quand on

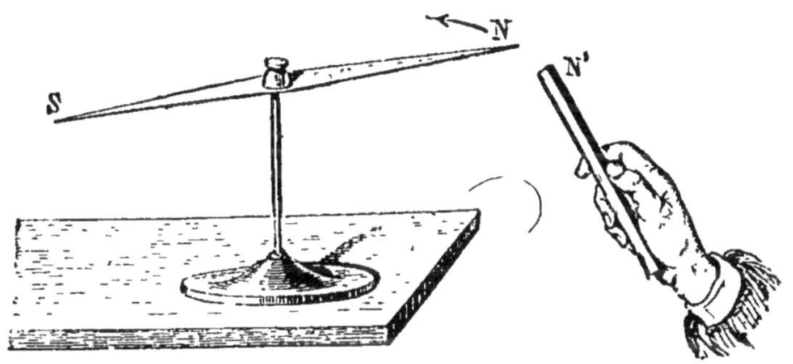

Fig. 65.

approche un barreau d'un autre barreau suspendu horizontalement (*fig.* 65), on constate que le pôle nord du premier repousse le pôle nord du second et attire le pôle sud. Inversement le pôle sud attire le pôle nord et repousse le pôle sud de l'aimant mobile. De là cette loi : *Deux pôles de même nom se repoussent et deux pôles de noms contraires s'attirent* [1].

86. Rupture d'un barreau aimanté. — Les deux moitiés de l'aimant présentant des propriétés opposées, qu'arrivera-t-il si on le brise en deux suivant la ligne neutre ? L'expérience montre qu'on a alors deux aimants complets, chacun des morceaux ayant ses deux pôles

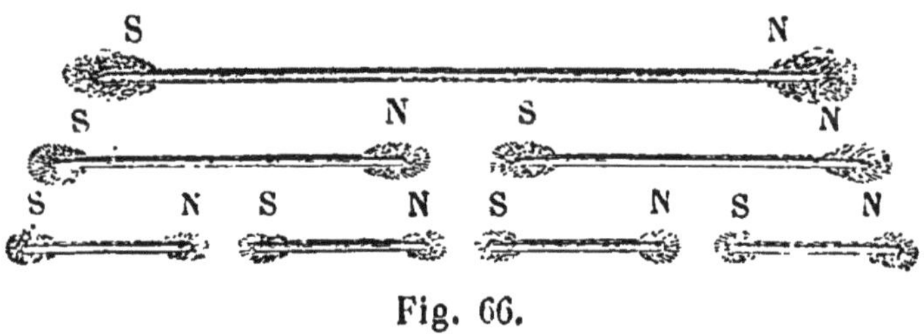

Fig. 66.

dirigés comme dans l'aimant primitif et jouissant des mêmes propriétés (*fig.* 66). Il en est de même de tout fragment de l'aimant, quelque petit qu'on puisse l'obtenir. L'expérience est facile à réaliser avec une aiguille à tricoter fortement trempée.

De là cette conséquence nécessaire qu'un aimant est un assemblage de petits aimants, tous orientés dans le même sens, et que les effets observés ne sont que la résultante des actions de ces aimants élémentaires. La réciproque est facile à vérifier : en collant sur une règle légère, parallèlement entre eux et tous dans le même sens, des fragments d'aiguilles aimantées, on réalise un système qui a toutes les propriétés d'un aimant.

87. Champ terrestre. — Une petite aiguille aiman-

1. Cette loi, qui rappelle celle des attractions et répulsions électriques, n'est pas comme celle-ci une loi simple. En fait, on constate l'action réciproque de deux parties étendues de l'aimant.

tée suspendue horizontalement dans le champ d'un aimant prend une direction fixe, et cette direction est celle que présente au même point la ligne de force dessinée par la limaille. Si on donne un sens à la ligne de force et qu'on la considère comme partant du pôle nord pour aboutir au pôle sud, on constate que la ligne de force traverse le petit aimant du pôle sud au pôle nord. C'est un effet analogue qui se produit au voisinage de la Terre. Tout aimant suspendu horizontalement y prend, comme nous l'avons vu, une direction fixe sensiblement du sud au nord ; nous devons en conclure que le voisinage de la Terre est un champ magnétique dans lequel les lignes de force vont sensiblement du sud au nord. De là l'hypothèse ancienne qui fait considérer la Terre comme un aimant dont l'axe s'écarterait peu de l'axe de rotation et dont l'extrémité située dans l'hémisphère austral serait de la nature d'un pôle nord, l'extrémité située dans l'hémisphère boréal de la nature d'un pôle sud [1]. L'expérience montre qu'en un lieu donné, dans une salle par exemple, les lignes de force du champ terrestre sont parallèles entre elles. Un pareil champ est dit *uniforme*. Nous déterminerons plus loin la direction exacte des lignes du champ.

38. L'action du champ terrestre se réduit à un couple. — L'action du champ terrestre sur un aimant est purement directrice, elle n'a ni composante verticale ni composante horizontale. Elle n'a pas de composante verticale, car le poids d'un barreau est le même avant et après l'aimantation ; elle n'a pas de composante horizontale, car un barreau mobile dans un plan horizontal, par exemple, placé sur un bouchon à la surface d'une

1. C'est ce qui fait donner parfois le nom de *pôle austral* à l'extrémité de l'aimant qui pointe vers le nord et de *pôle boréal* à l'extrémité tournée vers le sud ; ces dénominations sont à rejeter.

eau tranquille, ne tend à prendre aucun mouvement de translation. L'action est donc celle d'un couple[1].

89. Moment d'un aimant. — Un aimant placé dans un champ uniforme peut donc être considéré comme sollicité par deux forces égales, parallèles et de sens contraires appliquées en deux points de l'aimant et ayant pour direction constante la direction du champ. La grandeur et les points d'application des forces sont indéterminés ; le moment du couple et l'*axe magnétique*, c'est-à-dire la droite qui joint les deux points d'application sont seuls donnés par l'expérience. On mesurera la valeur du moment qui agit sur le barreau quand il est perpendiculaire à la direction des lignes de force ; ce sera le moment du barreau pour le champ considéré. Si l'aimant étant transporté dans un autre champ, on trouve un moment double, on dira que l'intensité du nouveau champ est double de celle du premier. Le moment dans le champ dont l'intensité est prise pour unité, s'appellera le *moment du barreau*. Soit M sa valeur : dans un champ d'intensité H, la valeur du moment sera MH. Le moment observé sera donc le produit de deux facteurs, l'un dépendant du barreau, l'autre du champ dans lequel il est placé.

90. Aimantation par influence. — Tout morceau de fer doux placé dans un champ magnétique devient un aimant, le pôle sud étant du côté où aboutissent les lignes de force et le pôle nord du côté où elles sortent.

1. Rappelons que l'effet produit par un couple ne dépend que de son *moment* et que le moment est égal au produit du bras de levier du couple par la valeur commune des forces parallèles; le moment ne change pas quand, doublant le bras de levier, on rend les forces deux fois plus petites. Deux couples, situés dans un même plan ou dans des plans parallèles, et de même sens, ajoutent simplement leurs moments.

Ce phénomène capital est désigné sous le nom d'*aimantation par influence.*

Il nous explique l'expérience du spectre magnétique : chaque parcelle de limaille devient un petit aimant et se dirige suivant la ligne de force.

Il explique aussi comment un aimant attire un morceau de fer : celui-ci s'aimantant par influence présente toujours au pôle de d'aimant un pôle de sens contraire.

91. Magnétisme remanent. — Si le fer est pur et présente les propriétés de la variété désignée dans l'industrie sous le nom de *fer doux*, l'aimantation est énergique, mais très peu stable et tend à disparaître sous l'action du moindre ébranlement dès que l'influence cesse. Avec le fer impur, la fonte, l'acier et surtout l'acier trempé, l'aimantation se produit moins facilement, elle est moins intense, mais elle est plus stable et subsiste pour une portion plus ou moins considérable quand l'influence a cessé. C'est ce qui permet d'obtenir des aimants artificiels. On appelle *magnétisme temporaire* celui qui disparaît avec l'influence et *magnétisme remanent* celui qui persiste après que l'influence a cessé.

On donne le nom de *force coercitive* à la propriété que possèdent ainsi certaines variétés de fer de garder après l'influence une partie du magnétisme que celle-ci avait développée.

Deux autres métaux, le nickel et le cobalt, peuvent acquérir les propriétés magnétiques, mais à un moindre degré que le fer.

92. Intensité d'aimantation et induction magnétique. — Une question importante est la mesure du magnétisme intrinsèque d'un aimant, qu'il s'agisse de magnétisme permanent ou temporaire. L'expérience nous fournit deux procédés.

Le premier consiste à mesurer le moment du barreau, et, comme le moment du barreau est la somme des moments des parties qui le constituent, à diviser le moment par le volume. Le quotient est le moment de chaque centimètre cube du barreau si l'aimantation est uniforme, ou la valeur moyenne de ce moment dans le cas contraire. La valeur du moment de l'unité de volume caractérise évidemment l'aimantation : on l'appelle l'*intensité d'aimantation.*

Le second procédé est suggéré par l'examen du spectre magnétique. Nous savons que les lignes de force n'ont pas les même propriétés dans les deux sens et nous avons pris comme sens positif celui qui va du pôle nord au pôle sud. Au lieu de supposer que ces lignes se terminent à la surface de l'aimant, il est plus naturel de penser qu'elles se continuent dans l'aimant lui-même en formant un circuit fermé. L'aimant, considéré à ce point de vue, se présente à nous comme un système traversé par un flux de nature particulière, que nous appellerons *flux magnétique*, lequel entre par un bout, sort par le bout opposé et se referme sur lui-même par le milieu extérieur, allant du pôle sud au pôle nord par l'in-

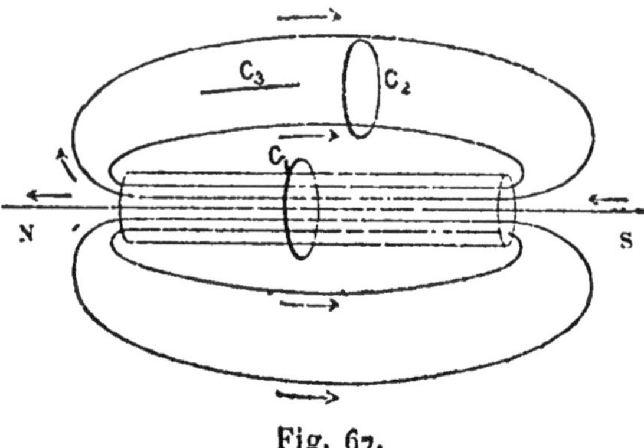

Fig. 67.

térieur et du pôle nord au pôle sud par l'extérieur. Le flux tout entier passant dans l'aimant y est évidemment plus dense qu'à l'extérieur. Considérons par exemple le cerclé C dans différentes positions (*fig.* 67); en C_1 sa surface est traversée par le flux total de l'intérieur de droite à gauche et de gauche à droite par une petite portion du flux extérieur; en C_2 elle est traversée de gauche à droite par une portion du flux extérieur qui sera d'autant plus petite qu'on s'éloignera davantage de l'aimant; en C_3 où son plan est parallèle aux lignes de force, le flux qui la traverse est nul. Or, nous verrons plus loin (**166**) un procédé expérimental qui permet de mesurer la valeur du flux qui traverse une surface donnée telle que celle du cercle C.

En mesurant ainsi le flux qui traverse la section médiane de l'aimant et le divisant par la section, nous obtiendrons un quotient qui représentera le flux correspondant à un centimètre carré de la section. Ce quotient qui caractérise évidemment l'aimantation, s'appelle l'*induction magnétique.*

Les deux procédés donnent des nombres proportionnels. Avec les unités employées, le nombre qui mesure l'induction est égal à celui qui mesure l'intensité d'aimantation multiplié par le facteur constant 4π ou sensiblement 12,5, de telle sorte que si on représente par A l'intensité d'aimantation et par B l'induction, on a

$$B = 4\pi A.$$

93. Perméabilité magnétique. — La considération du flux magnétique rend compte de tous les phénomènes. Dans l'aimantation par influence d'un morceau de fer doux placé dans un champ, on conçoit que les lignes du champ traversant le fer doux donnent un pôle sud là où elles entrent et un pôle nord là où elles sortent. Seulement, comme si le fer leur offrait un chemin plus facile, elles se déforment en convergeant vers lui, de telle sorte que le flux qui traverse la section du barreau pourra suivant sa forme et la nature du métal, être 100, 1000, 2000 fois plus grand que celui qui traversait auparavant la même section d'air. Ce rapport, qui n'est autre chose que le rapport de l'induction à l'intensité primitive du champ, s'appelle la *perméabilité magnétique du métal* ; nous le représenterons suivant l'usage par la lettre μ. Si H représente l'intensité première du champ, on aura

$$B = \mu H.$$

94. Courbes d'aimantation. — L'aimantation d'un morceau de fer placé dans un champ dépend autant de sa forme que de la nature du métal. Le cas le plus simple, le seul qui présente une utilité pratique, est celui d'un barreau cylindrique très long par rapport à son diamètre, placé dans un champ uniforme parallèlement aux lignes de force. Si on mesure d'une part l'intensité du champ et de l'autre l'aimantation, on pourra construire une courbe en prenant la première quantité pour abcisse, la seconde pour ordonnée, et on aura ainsi ce qu'on appelle la *courbe d'aimantation.*

Quel que soit l'échantillon employé, la courbe présente la même forme générale avec trois parties distinctes : une première correspondant aux champs faibles, dans laquelle l'aimantation croît très lentement; une seconde où, au contraire, elle croît très rapidement; enfin, une troisième correspondant aux champs intenses, où l'aimantation ne croît plus qu'avec une lenteur extrême et tend évidemment vers un maximum.

La figure 68 donne les courbes d'aimantation pour le fer doux, l'acier, la fonte, le nickel et le cobalt. Les ordonnées représentent les intensités d'aimantation, il suffit de les multiplier par 12,5 pour avoir la valeur de l'induction.

Si après avoir fait croître le champ on le fait décroître progressivement, l'aimantation ne repasse pas par les

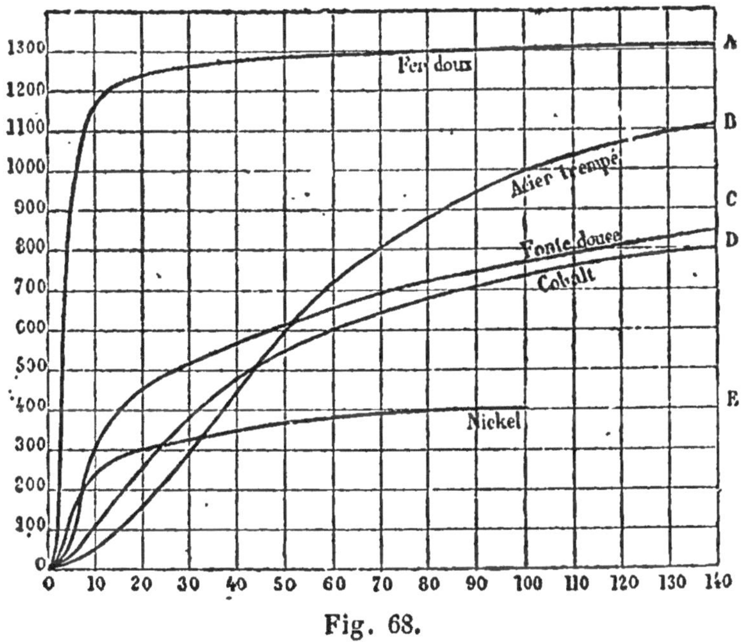

Fig. 68.

mêmes valeurs, mais après avoir donné en montant une courbe telle que OAM (*fig.* 69), elle donne en descendant une courbe telle que MB, de sorte que le champ étant nul, c'est-à-dire l'influence ayant cessé, l'aimantation n'est pas nulle, mais garde encore une valeur OR; l'ordonnée OR représente le magnétisme rémanent. Si on fait agir le champ en sens contraire d'une manière progressive, l'aimantation finit par devenir nulle. La valeur OC du champ de sens

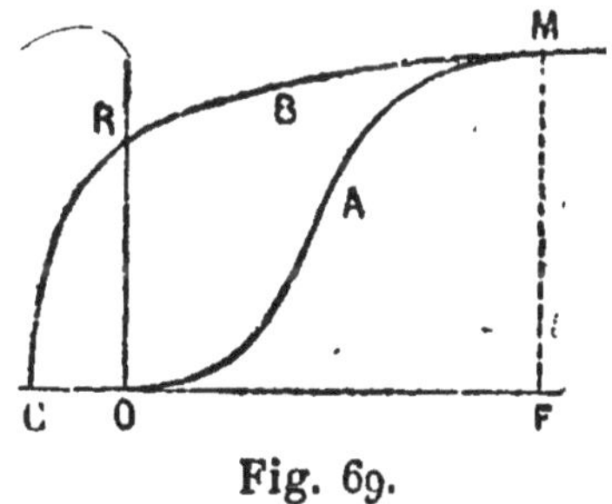

Fig. 69.

contraire qui détruit l'aimantation peut servir de mesure à la force coercitive.

Le magnétisme rémanent est très grand pour le fer doux, mais très peu stable, le moindre choc suffit à le faire disparaître presque entièrement. Celui de l'acier est moindre, mais il se conserve beaucoup mieux.

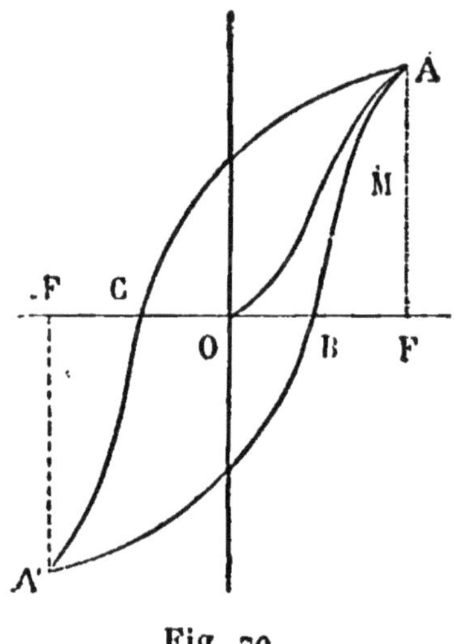

Fig. 70.

Enfin, si on fait passer le champ périodiquement par des valeurs égales et de sens contraires, la courbe d'aimantation prend la forme de la figure 70, les deux branches ascendantes et descendantes de la courbe étant d'autant plus écartées que la force coercitive est plus grande. Dans ce cas l'aimant s'échauffe; la quantité de chaleur dégagée qui correspond au travail des aimantations et désaimantations successives est proportionnelle à l'aire comprise entre les deux branches[1].

95. Influence de la température. — La température a une influence considérable sur l'aimantation. Le fait capital est que, pour les trois métaux magnétiques, il y a une température à partir de laquelle ils perdent complètement leur propriété exceptionnelle et rentrent dans la classe des corps ordinaires. Cette température est de 785° pour le fer doux, de 340° pour le nickel; pour le cobalt, on sait seulement qu'elle est plus élevée que pour le fer. La propriété magnétique disparaît brusquement et sans transition. Ainsi à 770° le fer doux,

1. Cette conséquence peut être établie théoriquement; mais nous n'en donnons pas la démonstration.

placé dans un champ intense, est au moins 10000 fois plus magnétique qu'à 785°. Le phénomène est dû à un changement d'état profond qui modifie en même temps les autres propriétés physiques.

Aux températures atmosphériques, le moment d'un barreau d'acier varie avec la température ; il diminue quand la température augmente et pour de faibles variations reprend les mêmes valeurs aux mêmes températures.

96. Procédés d'aimantation. — Le véritable procédé d'aimantation est l'aimantation par les courants, que nous verrons plus loin. Aussi ne dirons-nous qu'un mot des anciens procédés. Ils consistent à frotter le barreau d'acier avec le pôle d'une pierre d'aimant ou d'un barreau déjà aimanté. Le plus usité est celui de la *double touche.* Au milieu du barreau à aimanter *ns* (*fig.* 71), on applique les pôles opposés et deux bar-

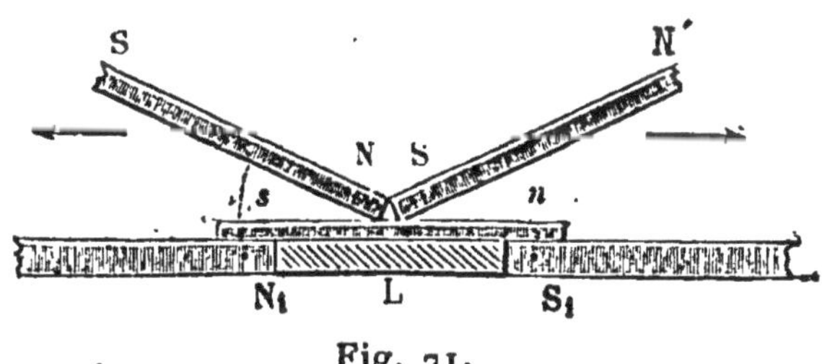

Fig. 71.

reaux égaux que l'on tient inclinés sous un angle de 30° environ et on les écarte simultanément jusqu'aux extrémités du barreau. On répète l'opération plusieurs fois sur chacune des faces. Un pôle nord *n* se produit à l'extrémité abandonnée finalement par le pôle sud S, et un pôle sud *s* à l'extrémité abandonnée par le pôle nord N. S'il s'agit d'un gros barreau, on augmente l'action des aimants mobiles en faisant reposer les extrémités du barreau à aimanter sur les pôles de deux aimants fixes, ces pôles étant de même nom que ceux des aimants mobiles qui opèrent du même côté.

On aide beaucoup à l'aimantation, soit du fer, soit de l'acier, en faisant vibrer le barreau par des chocs, comme s'il était nécessaire de secouer les particules pour vaincre leur inertie. C'est ainsi que la plupart des outils d'un atelier, qui ont été plus ou moins soumis à des chocs pendant qu'ils étaient sous l'influence du champ terrestre, se trouvent aimantés. Une curieuse expérience d'aimantation par l'action de la terre peut être faite de la manière suivante : Un long barreau de fer doux est placé parallèlement au champ terrestre; on constate, par son action sur l'aiguille aimantée, qu'il présente deux pôles ; on le retourne bout pour bout, l'aimantation change de sens, étant uniquement temporaire. Mais il suffit de frapper un coup de marteau sur l'extrémité de la barre pour amener, par suite de l'ébranlement, l'aimantation à son maximum et donner au fer une force coercitive suffisante pour qu'il conserve en partie son aimantation.

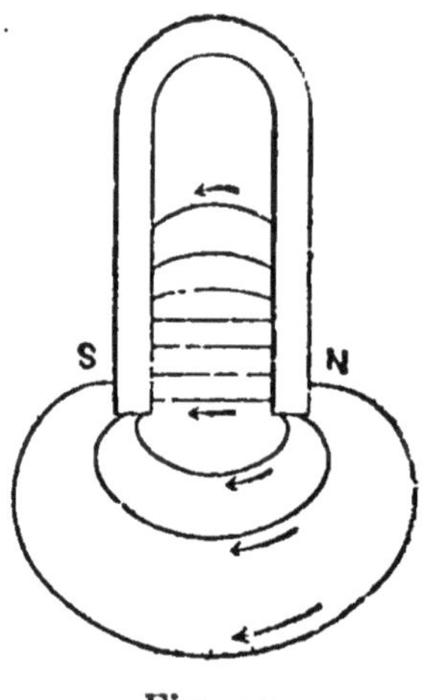

Fig. 72.

97. Principales formes d'aimants. — Les deux formes qu'on donne le plus souvent aux aimants sont celles de barreaux droits ou de barreaux recourbés en fer à cheval. Nous avons vu quel est le spectre d'un barreau droit (*fig.* 64).

Celui d'un barreau en fer à cheval est donné par la figure 72. On remarquera que, dans une étendue assez grande entre les deux branches, les lignes de force sont parallèles et par suite le champ uniforme.

Comme l'acier ne s'aimante que superficiellement on fait souvent des aimants composés de plusieurs lames minces aimantées séparément et réunies en faisceaux, tous les pôles de même nom d'un même côté (*fig.* 73). Le moment du faisceau est loin d'être la somme des mo-

Fig. 73.

ments des lames qui le composent. Celles-ci réagissent les unes sur les autres, chacune donnant un champ qui tend à aimanter en sens contraire les lames voisines. La même action s'exerce aussi entre les parties voisines d'un même barreau. C'est ce qu'on appelle l'*action démagnétisante.*

Une forme curieuse d'aimant est celle de l'aimant annulaire (**116**). Le flux tout entier est compris dans l'anneau, aucune ligne de force ne s'échappe à l'extérieur. Aussi l'aimant n'exerce aucune action et ne donne pas de spectre magnétique. Cependant, ce n'est pas un simple morceau d'acier : si on le brise, chacun de ses morceaux est un aimant. Dans un pareil aimant, l'action démagnétisante est évidemment nulle.

98. **Armatures.** — Pour conserver toute sa force à

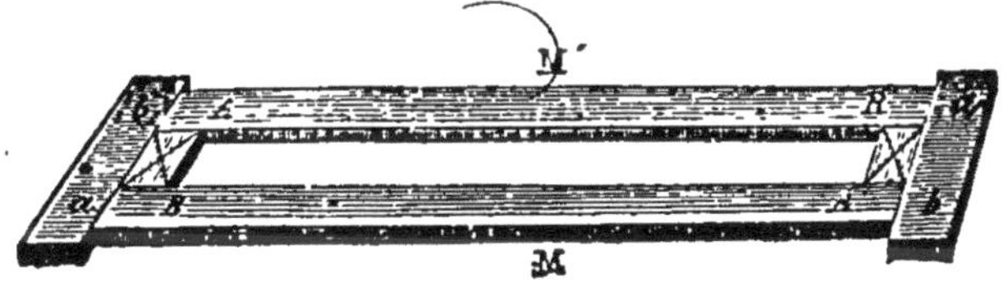

Fig. 74.

un aimant, il faut le soustraire à sa propre action démagnétisante et le mettre dans la condition de l'aimant annulaire. A cet effet, les barreaux prismatiques sont groupés deux par deux aussi identiques que possible et placés parallèlement dans une boîte, les pôles de noms contraires disposés en regard et réunis par des pièces de fer doux qu'on nomme *armatures* (*fig.* 74). Le champ du système est presque nul. On dit que le *circuit magnétique est fermé sur lui-même.*

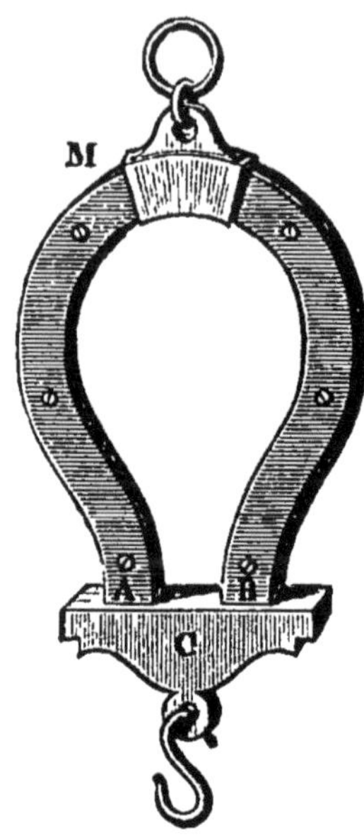

Fig. 75.

Dans les aimants en fer à cheval, on réunit également les deux pôles par une armature de fer doux qui ferme le circuit (*fig.* 75). Cette armature peut supporter, sans se détacher, des poids parfois considérables. Avec les bons aimants, on peut arriver à faire porter à l'armature jusqu'à 4 kilogrammes par centimètre carré de surface de contact.

99. Unités magnétiques. — Considérons un fil d'acier très long, aimanté uniformément. Ce fil n'aura d'action sur la limaille que par une très petite portion de ses extrémités et si on joignait ces extrémités bout à bout, on aurait un aimant fermé de forme quelconque dont l'action à l'extérieur serait nulle. Prenons deux pareils aimants; nous pouvons faire agir l'un sur l'autre leurs pôles nord, sans avoir à tenir compte de l'action des pôles sud, trop éloignés. Dans ces conditions, on appelle *pôle égal à l'unité* un pôle qui, agissant sur un pôle égal placé à un centimètre de distance la repousse avec une force égale à une dyne.

Cela posé, le champ égal à l'unité est celui où l'action qui s'exerce sur l'unité de pôle est égale à l'unité de force. La composante horizontale du champ terrestre à Paris est égale à 0,195. On peut obtenir, au moyen des courants (115) des champs allant jusqu'à 15000 ou 20000 unités.

L'intensité d'aimantation égale à l'unité est celle pour laquelle le moment magnétique d'un centimètre cube, ou le moment spécifique, est égal à l'unité. Le maximum qu'on peut obtenir avec le fer est de 1300 unités; il est environ de 1000 pour l'acier et de 800 pour la fonte douce (*fig.* 68).

Le flux égal à l'unité est celui qui traverse normalement un centimètre carré quand le champ est égal à l'unité.

Il en résulte que le flux qui traverse normalement une surface quelconque a pour expression le produit de la surface par l'intensité du champ.

CHAPITRE XIV

MAGNÉTISME TERRESTRE.

100. Champ terrestre. — Le champ terrestre, qui peut être considéré comme uniforme en un lieu donné (87), varie en intensité et en direction d'un point à l'autre du globe, il varie en outre en un même lieu avec le temps.

Pour avoir sa direction en un point, il suffit d'abandonner un barreau librement à lui-même en le soustrayant à toute action étrangère. Tel est le cas d'un barreau suspendu librement par son centre de gravité. La direction de l'axe du barreau sera la direction du champ.

Dans nos régions cette direction est à peu près du

sud au nord, mais fortement inclinée sur l'horizon, le pôle nord pointant vers le sol.

Nous définirons cette direction au moyen de deux angles, la *déclinaison* et l'*inclinaison*.

On appelle *méridien magnétique* le plan vertical parallèle à la direction du champ terrestre.

Le méridien magnétique et le méridien astronomique se coupent suivant la verticale. On appelle *déclinaison* l'angle, formé par les deux demi-plans du côté du nord, la déclinaison est dite *occidentale* ou *orientale* suivant que le demi-plan nord du méridien magnétique est à l'ouest ou à l'est du méridien astronomique.

L'inclinaison est l'angle que fait la direction de la force terrestre avec sa projection sur le plan horizontal.

Il serait impossible de réaliser un instrument dans lequel le barreau serait suspendu librement par son centre de gravité. On emploie dans la pratique deux appareils, l'un dans lequel le barreau suspendu horizontalement est mobile autour d'un axe vertical; on l'appelle *boussole de déclinaison* ; l'autre dans lequel l'aiguille est mobile seulement autour d'un axe horizontal passant par son centre de gravité, c'est la *boussole d'inclinaison*.

101. Boussole de déclinaison. — L'aiguille, en forme de losange très allongé, repose par une chape d'agate sur un pivot d'acier et est équilibrée de manière à être horizontale (*fig.* 76). L'aiguille se fixe dans le méridien magnétique; l'angle que fait son axe magnétique avec la méridienne passant au même point est la déclinaison.

C'est cet angle qu'il faut mesurer; ce que l'observation donne, c'est l'angle que fait avec la direction sud-nord l'axe de figure de l'aiguille; pour s'assurer que l'axe de figure coïncide avec l'axe magnétique, on retourne l'aiguille face pour face sur sa chape. Si l'angle est le même, les deux axes se confondent, sinon l'axe magnétique reprenant toujours la même direction, l'axe de figure occupe de part et d'autre des positions symé-

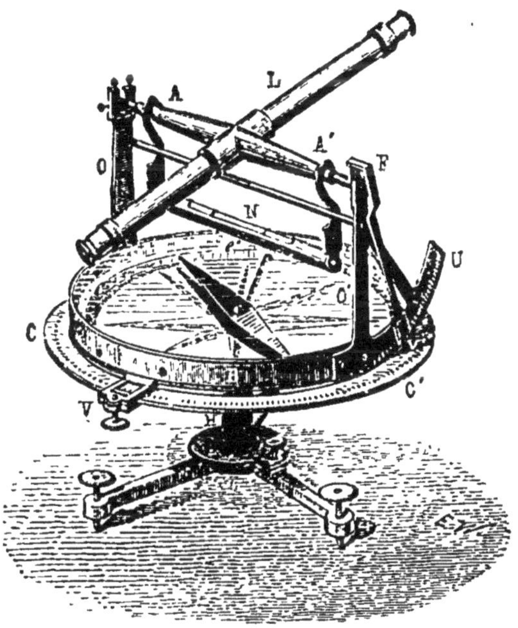

Fig. 76.

triques : la moyenne des deux angles observés donne l'angle cherché[1].

Il est facile de comprendre l'usage de la boussole pour la détermination des points cardinaux. L'aiguille donne la direction du méridien magnétique. Supposons que la déclinaison soit de 15° et occidentale, il suffira de prendre à droite de l'aiguille, du côté nord, un angle de 15° pour avoir la direction sud-nord.

1. La lunette est portée par un support qui lui permet de décrire un plan vertical et qui, lui-même, peut tourner autour d'un axe vertical. On vise avec la lunette dans le plan du méridien astronomique, puis on la fait tourner avec son support jusqu'à ce qu'elle vise dans la direction de l'aiguille. L'angle dont il a fallu tourner, angle qu'on lira sur la graduation du limbe fixe, CC', est la déclinaison.

102. Boussole d'inclinaison. — L'aiguille est traversée en son milieu par un axe cylindrique en acier, lequel repose sur deux agates taillées en biseau et dont les arêtes sont dans un même plan horizontal (*fig.* 77).

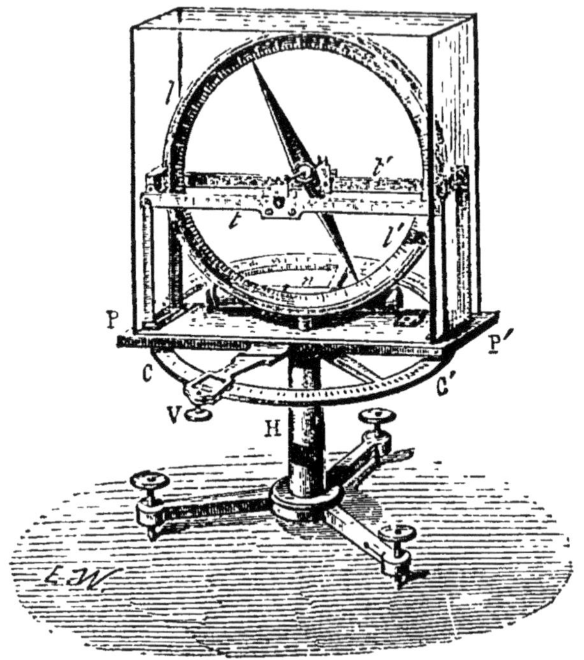

Fig. 77.

L'axe passe par le centre d'un limbe vertical *ll'* sur lequel se liront les angles. Ce limbe lui-même est mobile autour d'un axe vertical H. On commence par l'amener dans le méridien magnétique, et on lit alors l'angle que fait l'aiguille avec l'horizontale.

Plusieurs causes d'erreur sont à éliminer : celle du centrage qui s'élimine par la lecture des deux extrémités de l'aiguille; celle du zéro de la graduation, par le retournement du limbe, de 180°; celle de l'axe magnétique, par le retournement face pour face de l'aiguille. Il pourrait arriver que l'axe de rotation ne passât pas exactement par le centre de gravité. Pour éliminer cette erreur, il faudrait renverser l'aimantation de l'aiguille et recommencer la série des opérations. On prendra finalement la moyenne de toutes les lectures.

103. Cartes magnétiques. — Les éléments du magnétisme terrestre, déclinaison, inclinaison, intensité, varient d'un point à un autre du globe.

La manière la plus simple de présenter le résultat des observations est de porter les nombres trouvés sur une carte géographique et de joindre par une ligne tous les points qui ont une même valeur, soit de la déclinaison, soit de l'inclinaison, soit de l'intensité.

Tracées sur un globe, les lignes d'égale déclinaison ressemblent grossièrement à des méridiens et les lignes d'égale inclinaison à des parallèles rapportés à un même axe légèrement incliné sur l'axe terrestre et aboutissant à deux points qu'on appelle les *pôles magnétiques*. En ces points l'inclinaison est de 90°. On donne le nom d'*équateur magnétique* à la ligne d'inclinaison nulle.

La ligne de déclinaison nulle coupe actuellement l'ancien continent du cap Nord au golfe Persique et traverse l'Australie dans sa partie occidentale ; dans l'autre hémisphère, elle coupe le Brésil dans sa partie orientale, et l'Amérique du Nord, de la Floride au lac Supérieur. Elle divise ainsi la surface du globe en deux parties ; dans l'une, qu'on peut appeler la région Atlantique, la déclinaison est occidentale ; dans l'autre, la région Pacifique, elle est orientale. Dans chacune de ces parties elle va de zéro à zéro en passant par un maximum d'environ 25°.

Pour ce qui concerne la France, les lignes d'égale déclinaison la coupent du S.-S.-O. au N.-N.-E. Ainsi la déclinaison est sensiblement la même (15° 24′) à Pau, à

Paris et à Bruges. Les valeurs extrêmes sont 12° à Nice et 18° à Brest.

L'inclinaison est nulle à l'équateur magnétique, autrement dit l'aiguille suspendue par son centre de gravité s'y tient horizontale ; si on s'avance dans l'hémisphère boréal, son pôle nord s'incline de plus en plus vers le sol jusqu'à ce que l'aiguille devienne verticale au pôle magnétique.

Dans l'hémisphère austral, c'est le pôle sud qui pointe vers le sol.

104. Variations du magnétisme terrestre. — Les éléments du magnétisme terrestre, en un lieu donné, ne sont pas constants[1], mais subissent des variations avec le temps. Parmi ces variations, les unes paraissent accidentelles, les autres présentent au contraire un caractère périodique bien marqué.

A Paris, la déclinaison, d'abord orientale, était nulle en 1666 ; depuis cette époque elle est occidentale ; elle a été en augmentant jusqu'en 1824 où elle a atteint 24° ; elle est actuellement décroissante et, suivant toute probabilité, redeviendra nulle vers 2114. Quant à la déclinaison,elle diminue lentement depuis 1666 et continuera diminuer jusqu'en 2114. Ces variations sont dites séculaires ; d'autres variations désignées sous le nom de variations diurnes, paraissent liées au mouvement apparent du soleil, de la lune, etc. Ces dernières portent surtout sur la déclinaison, laquelle présente une oscillation diurne bien marquée avec deux maxima et deux minima. L'amplitude et l'excursion de l'aiguille, qui dé-

1.

	Valeur pour Paris au 1er janvier 1899.	Variations pendant l'année 1898.
Déclinaison......	14°51',45	−4',60
Inclinaison	64°57',50	−1',4
Comp. horizontale	0,1968	+0,00032
Comp. verticale..	0,4212	+0,00002
Force totale.....	0,4650	+0,00014

passe rarement quelques minutes, est beaucoup plus grande pendant le jour que pendant la nuit.

Les variations accidentelles se produisent simultanément sur une grande partie de la surface du globe; elles coïncident le plus souvent avec des apparitions d'aurores boréales.

CHAPITRE XV

ÉLECTROMAGNÉTISME

105. Électromagnétisme. — Nous ne nous sommes occupés jusqu'ici que des *actions intérieures* des courants, c'est-à-dire des effets fournis par le courant dans le conducteur même qui en est le siège. Nous allons étudier maintenant les actions produites en dehors du conducteur et que, pour cette raison, on appelle *actions extérieures*. La partie de la science qui embrasse ces phénomènes a une relation étroite avec le magnétisme et porte le nom d'électromagnétisme ; elle a son origine dans l'expérience d'Œrsted et doit son principal développement aux travaux d'Ampère et de Faraday.

106. Expérience d'Œrsted. — Règle d'Ampère. — Approchons d'une aiguille aimantée, parallèlement à sa direction, un fil traversé par un courant (*fig.* 78); l'aiguille s'écarte de sa position d'équilibre. Tel est le fait observé par Œrsted. Le sens de la déviation est donné dans chaque cas par cette règle très

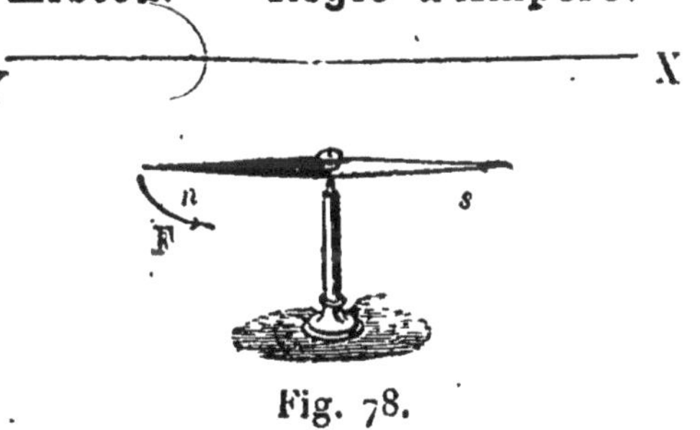

Fig. 78.

simple d'Ampère : Qu'on suppose un observateur couché dans le fil de manière que le courant entre par les pieds et sorte par la tête; l'observateur tournant la face vers l'aiguille, voit toujours le *pôle nord se porter à sa gauche*, que nous conviendrons d'appeler, la gauche du courant.

Sans l'action de la terre, le courant mettrait toujours l'aiguille en croix avec lui; sous l'influence combinée des deux actions, la déviation est d'autant plus grande que l'action du courant est plus grande. Delà un procédé nouveau pour caractériser l'intensité d'un courant: c'est le principe du *galvanomètre*, instrument qui joue un rôle capital en électricité; nous n'en dirons ici que quelques mots, nous réservant d'y revenir plus loin avec détails.

107. Galvanomètre. — On augmente l'action du courant et par suite la déviation de l'aiguille en faisant tourner le fil plusieurs fois autour de l'aiguille (*fig.* 79): les actions de toutes les portions du cadre sont en effet

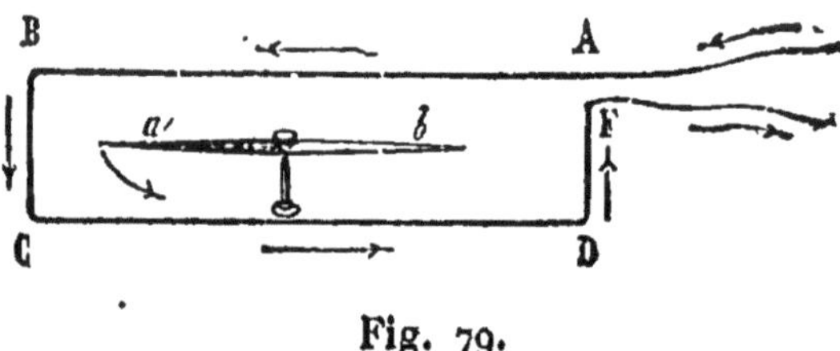

Fig. 79.

concourantes; pour y placer successivement l'observateur d'Ampère, il suffit de le faire glisser le long du fil dans le sens du courant: sa gauche reste toujours du même côté. Ce cadre a reçu le nom de *multiplicateur*.

Pour employer le galvanomètre, on amène le plan du cadre multiplicateur a être parallèle à l'aiguille dans sa position d'équilibre ; puis on fait passer le courant dans le fil. Avec les instruments tels qu'on les construit aujourd'hui et dans lesquels on n'observe que de petites déviations, l'expérience montre que la déviation est proportionnelle à l'intensité du courant telle qu'elle est mesurée par les actions chimiques. La *mesure électromagnétique* du courant se confond donc avec sa *mesure électrochimique*.

108. Courants mobiles d'Ampère. — Si, dans l'expérience d'Œrsted, on rend l'aimant fixe et le conducteur mobile, celui-ci tournera de manière à laisser à sa gauche le pôle nord de l'aimant. L'expérience se réalise facilement au moyen des *courants mobiles* d'Ampère.

Le courant arrive à deux godets *a* et *b* (*fig.* 80) placés sur une même verticale et pleins de mercure. Un fil

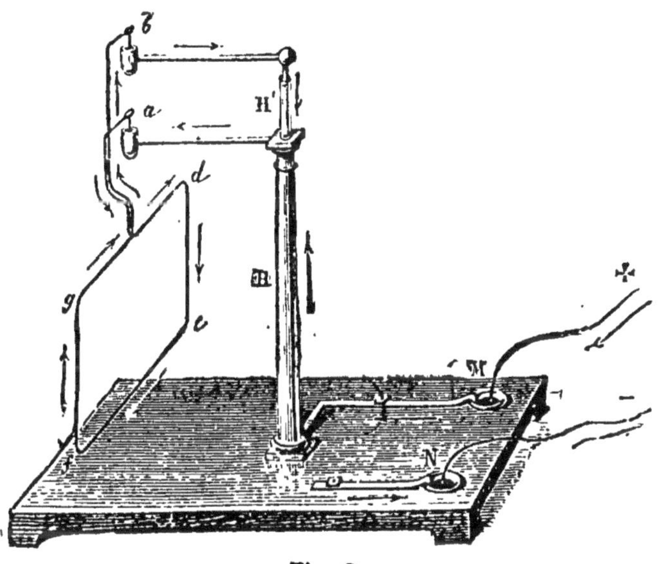

Fig. 80.

conducteur convenablement replié forme un cadre *defg*, dont les extrémités terminées par des pointes d'acier (de simples aiguilles à coudre) viennent plonger dans le mercure des godets. Une seule des pointes porte sur le fond du godet correspondant et sert de pivot; l'autre ne fait que plonger dans le mercure.

Supposons le cadre rectangulaire; si on en approche un aimant, il tend à se mettre en croix avec lui en laissant le pôle nord à gauche. L'effet est maximum quand l'aimant est au milieu du cadre, toutes les actions étant alors concourantes.

109. Direction d'un cadre sous l'action de la Terre. — La Terre agit sur le cadre, parcouru par le courant, à la manière d'un aimant et tend à le placer perpendiculairement au méridien magnétique. Dans la position d'équilibre (*fig.* 81), le courant est descendant dans la branche verticale qui se place à l'est; ascendant dans celle qui se place à l'ouest; autrement dit, un observateur regardant la face du cadre tournée au nord voit le courant circuler *en sens inverse des aiguilles d'une montre.*

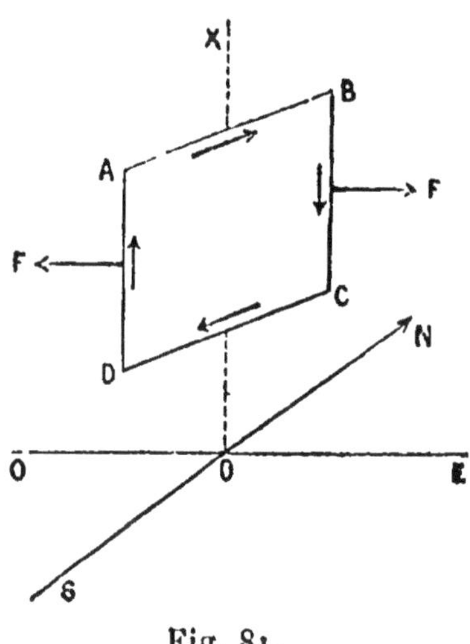

Fig. 81.

On obtient des cadres indifférents à l'action de la Terre, ou *astatiques* en les composant de surfaces égales deux à deux et entourées de courants circulants en sens contraires.

110. Action des courants sur les courants. — L'emploi des cadres mobiles conduisit Ampère à l'importante découverte de l'action des courants sur les courants.

Prenons le cadre de la figure 80. Si on approche d'un des côtés verticaux un fil conducteur rectiligne traversé par un courant, faisant ou non partie du même circuit, on constate que *deux courants parallèles et de même sens s'attirent* et que *deux courants parallèles et de sens contraires se repoussent.*

111. Courants de sens contraires. — Courants sinueux. — Si on approche soit d'un aimant

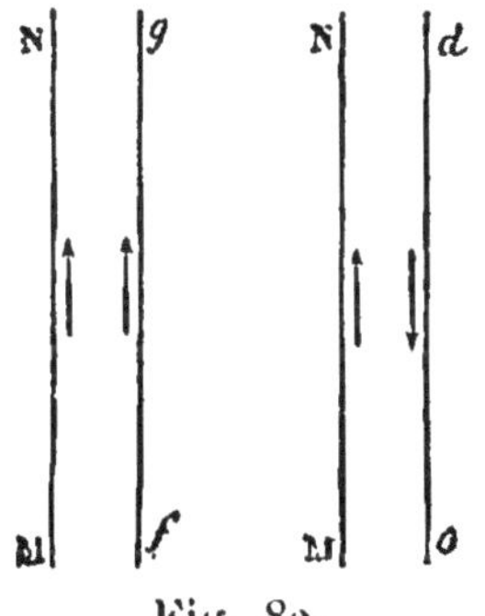

Fig. 82.

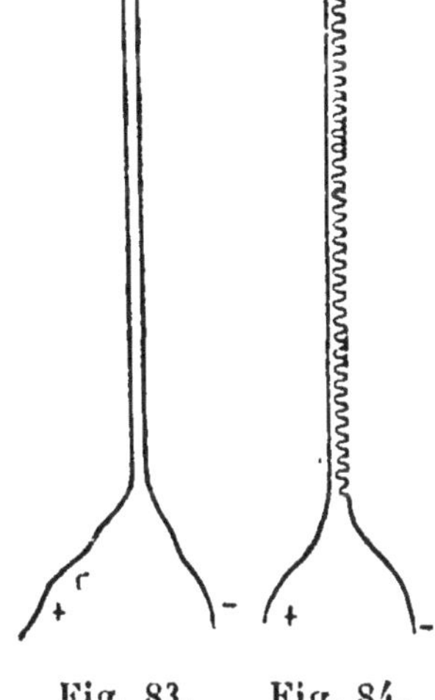

Fig. 83. Fig. 84.

soit d'un courant mobile, un fil conducteur replié sur lui-même, comme dans la figure 83, l'action est nulle. On en conclut que *deux courants égaux et de sens contraires exercent des actions égales et de sens contraires.*

Il en est encore de même avec l'arrangement de la figure 84 où le fil, au lieu d'être rectiligne, présente des sinuosités ; celles-ci peuvent être quelconque à la condition de s'écarter peu du fil rectiligne et de pas s'enrouler autour. D'où ce théorème : *L'action d'un courant sinueux est identique à celle d'un courant rectiligne ayant les mêmes extrémités et dont il s'écarte peu.*

112. Champ d'un courant. — Le fait capital qui résulte des expériences d'Œrsted et d'Ampère, c'est qu'un courant électrique crée autour de lui un champ absolument de même nature que celui qui est créé par les aimants.

Comme pour les aimants, on peut mettre ce champ en évidence au moyen des spectres de limaille.

Pour un courant rectiligne assez long pour pouvoir être considéré comme indéfini, le spectre est formé de circonférences concentriques au fil (*fig.* 85), et pour l'observateur d'Ampère, placé dans le fil, le sens du flux est de droite à gauche.

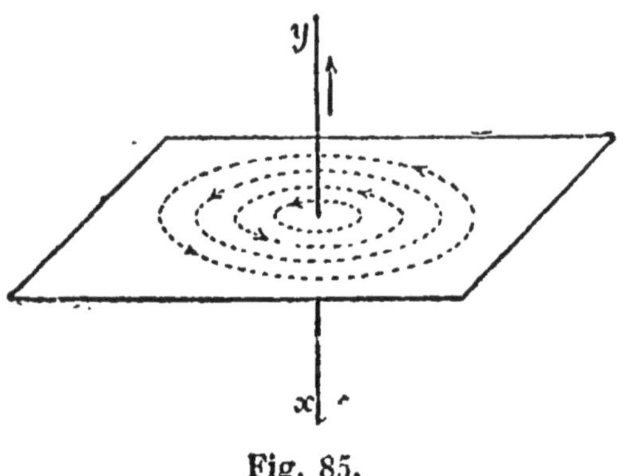

Fig. 85.

Pour un cadre circulaire, les lignes tracées par la limaille dans un plan passant par l'axe sont des courbes fermées tournant en sens contraires autour de chaque trace (*fig.* 86). Ces lignes, pour l'observateur couché dans le fil et qui regarde vers l'intérieur du cadre, traversent celui-ci de droite à gauche. Nous prendrons cette direction pour le sens positif de l'axe du courant; nous appellerons *face négative* du courant la face d'entrée et *face positive*, la face de sortie. La règle suivante, connue sous le nom de règle du *tire-bouchon*, permet de retrouver facilement la relation entre le sens du courant et celui de ses lignes de force : qu'on place le tire-bouchon parallèlement à l'axe et qu'on le fasse tourner dans le sens du courant, le sens dans lequel

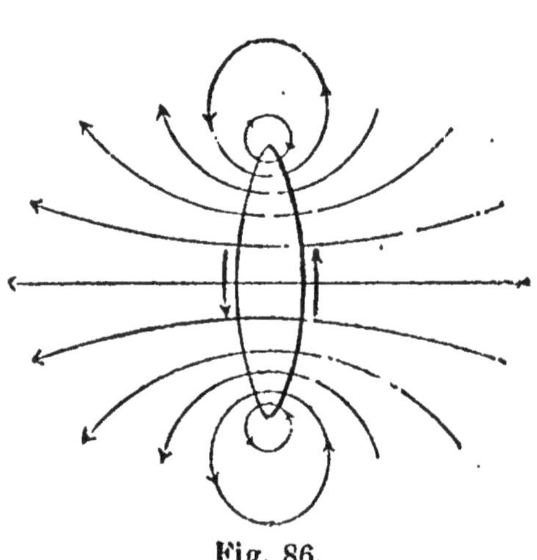

Fig. 86.

il tend à progresser est celui des lignes de force.

Considérons maintenant un fil enroulé en hélice sur un cylindre. Chaque spire peut être considérée comme équivalant à un cercle plus une petite portion rectiligne parallèle à l'axe du cylindre et égale au pas de l'hélice. De telle sorte que le système équivaut à une pile de courants circulaires plus un courant rectiligne parallèle à l'axe et de même longueur. L'effet de cette portion recti-

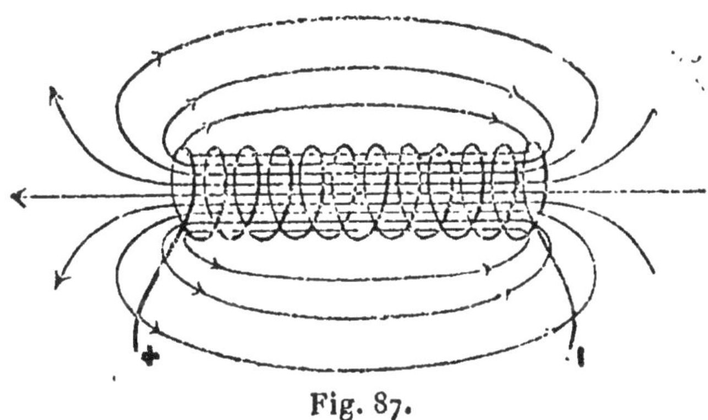

Fig. 87.

ligne est de peu d'importance. Un pareil système porte le nom de *solénoïde* ou tout simplement de bobine. La bobine peut se composer d'une ou de plusieurs couches de fil. Celui-ci doit être recouvert d'une matière isolante, soie ou coton, pour empêcher les communications d'une spire à l'autre.

Le spectre d'un solénoïde ou d'une bobine est donné par la figure 87. Il se compose de lignes fermées qui ont une ressemblance frappante avec celles d'un aimant. Seulement nous voyons ici à l'intérieur de la bobine les lignes que nous n'avions fait que soupçonner dans l'aimant (**92**). Toutes passent à l'intérieur et y donnent un champ uniforme, sauf aux extrémités. Quant à leur sens il est donné immédiatement par la règle du tire-bouchon, ou encore par une des remarques suivantes : l'observateur couché dans une spire et regardant vers l'intérieur les voit aller de droite à gauche; ou encore, elles sortent par l'extrémité devant laquelle il faut se placer pour voir le courant circuler en sens inverse des aiguilles d'une montre.

113. Analogie des solénoïdes et des aimants. — Le solénoïde ayant le même champ qu'un aimant doit en avoir les propriétés, et c'est en effet ce que confirme l'expérience. L'extrémité par laquelle sortent les lignes de force a toutes les propriétés d'un pôle nord, l'extrémité par laquelle elles entrent, celles d'un pôle sud.

Si on dispose le solénoïde de manière qu'il repose librement sur les godets de l'appareil d'Ampère (*fig.* 88), on le voit se placer immédiatement dans le méridien magnétique et osciller, quand on l'en écarte, comme ferait un aimant. En approchant des pôles du solénoïde mobile, les pôles d'un aimant, ou ceux d'un autre solénoïde, on peut répéter toutes les expériences de répulsion et d'attraction des aimants entre eux.

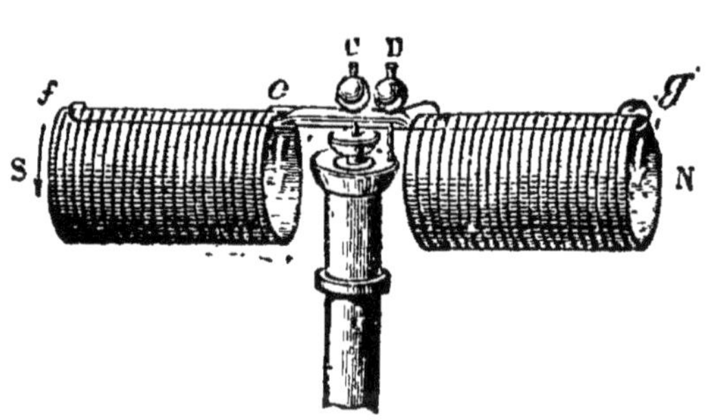

Fig. 88[1].

114. Théorie du magnétisme d'Ampère. — L'esprit se refuse à admettre que des systèmes qui présentent une analogie si complète, puissent devoir leurs propriétés à des causes différentes.

Nous savons que chaque particule d'un aimant est un

1. Dans cette figure, les supports qui portent les godets, au lieu d'avoir la forme de potences comme dans la figure 80, sont concentriques, tout en restant isolés l'un de l'autre.

aimant. L'hypothèse la plus probable est que les aimants moléculaires préexistent à l'aimantation. Seulement, dans l'état ordinaire, ils seraient orientés dans tous les sens et, par suite, sans action sur l'extérieur. L'aimantation n'aurait pour effet que de leur donner une orientation systématique. Le maximum correspondrait au parallélisme complet. Cette vue est bien d'accord avec l'existence d'un maximum d'aimantation.

Pour faire de la molécule un petit aimant, il suffit de supposer qu'un courant circule autour de son axe. Mais comment s'entretiendrait ce courant? Remarquons que si le courant ne rencontre aucune résistance, il ne dépense point d'énergie et n'a pas besoin d'être entretenu ; une fois créé, il doit persister indéfiniment. Or, nous savons qu'un courant éprouve une résistance en passant de molécule à molécule, mais il n'y a aucune contradiction à admettre qu'il n'en rencontre pas dans la molécule même.

Quoi qu'il en soit, considérons une section quelconque d'un barreau aimanté (*fig.* 89). Nous devrons y voir autant de courants circulaires, de même intensité et tournant tous dans le même sens, qu'il y a de molécules. Mais partout où deux courants sont contigus, ils sont de sens contraires et comme ils sont supposés égaux ils s'annulent mutuellement au point de vue de l'action extérieure. Il ne reste d'efficaces que les portions de courants qui correspondent aux éléments linéaires du contour; leur action est évidemment la même que celle d'un courant unique de même intensité qui parcourrait la spire correspondante du solénoïde. Tous ces courants se repoussent mutuellement étant de sens contraires dans les parties les plus voisines, et, sans la

Fig. 89.

force coercitive, ils reprendraient toutes les directions possibles, dès que l'influence aurait cessé.

CHAPITRE XVI

AIMANTATION PAR LES COURANTS.

115. Découverte d'Arago. — L'aimantation par les courants se présente comme une conséquence nécessaire de ce qui précède. Le fait a été découvert par Arago en 1820. Il remarqua qu'un fil de cuivre traversé par un courant et plongé dans la limaille de fer, l'attire et s'en charge sur toute sa surface. Chaque parcelle de limaille devenant un petit aimant se place perpendiculairement à la longueur du fil, suivant la ligne de force, le pôle nord à la gauche du courant.

De même un barreau s'aimante si on le met en croix avec le courant. Mais le procédé le plus efficace est de placer le barreau de fer ou d'acier dans le champ intérieur d'une bobine. Le sens de l'aimantation est évidemment celui des lignes de force, le pôle sud à l'entrée des lignes, le pôle nord à la sortie (**90**). Il est d'ailleurs à remarquer que le sens des lignes de force et, par suite celui de l'aimantation, est indépendant du sens de l'enroulement et qu'il dépend seulement du sens dans lequel le courant tourne autour de l'axe.

La vérification se fait facilement avec des aiguilles à tricoter qu'on place à l'intérieur d'hélices enroulées sur des tubes de verre. Dans la figure 90 l'enroulement est simple; mais dans la figure 91 on a replié deux fois le fil, de manière à changer le sens du courant et par suite celui du champ. On a, dans ce cas, autant de pôles intérieurs ou de *points conséquents* qu'il y a de renversements du courant. Ces pôles sont alternativement de sens contraires. Ceux des extrémités sont de noms

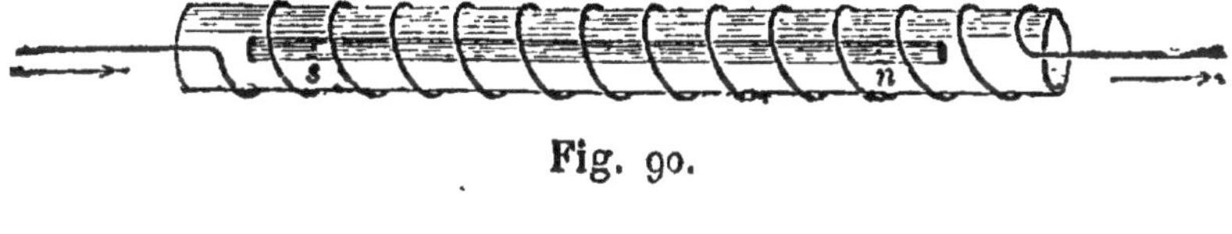

Fig. 90.

Fig. 91.

contraires ou de même nom suivant que le nombre des renversements est pair ou impair.

116. Électroaimants. — L'aimantation du fer doux par le courant joue un rôle capital dans les applications de l'électricité. Non seulement la puissance des aimants ainsi obtenus est plus grande que celle des aimants ordinaires; mais la propriété qui les caractérise quand le fer est bien doux et que l'on n'emploie que des barreaux courts, d'être, à cause de l'instabilité du magnétisme rémanent, essentiellement temporaires, de n'exister que pendant le passage du courant, de naître et de s'annuler, pour ainsi dire, avec lui, les rend propres à une foule d'applications mécaniques.

Les aimants temporaires obtenus par l'action du courant sur le fer doux portent le nom d'*électroaimants* ou simplement d'*électros*. Le fil conducteur, isolé par du coton ou de la soie, est enroulé en spirale autour du noyau de fer doux. A une première couche enroulée, par exemple, de gauche à droite, on en superpose une seconde enroulée toujours dans le même sens, mais de droite à gauche, et ainsi de suite: on vient de dire (115) que le sens dans lequel se succèdent les spires est indifférent.

Le noyau de fer doux peut être rectiligne (*fig.* 92), ou en forme de fer à cheval (*fig.* 93). Dans ce dernier cas, on supprime ordinairement les spires dans la partie courbe. L'enroulement sur les deux branches doit être fait de manière à donner des pôles de noms contraires aux deux extrémités, et par suite, être le même que si le barreau avait été courbé après l'enroulement fait ; il doit paraître de sens contraire sur les deux branches à un observateur qui regarde les deux extrémités, tournant comme les aiguilles d'une montre autour du pôle sud, en sens inverse autour du pôle nord (*fig.* 94).

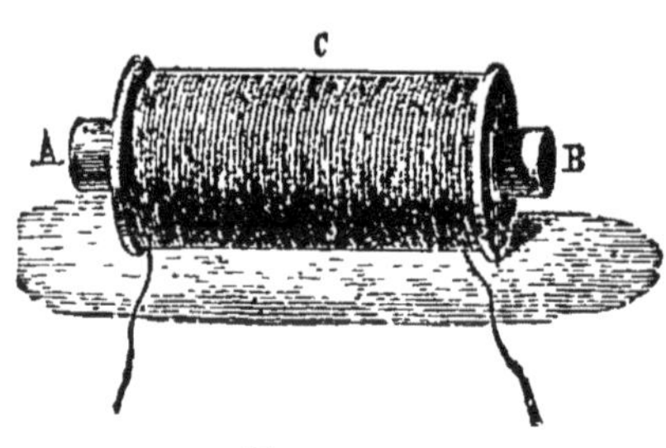

Fig. 92.

Fig. 93.

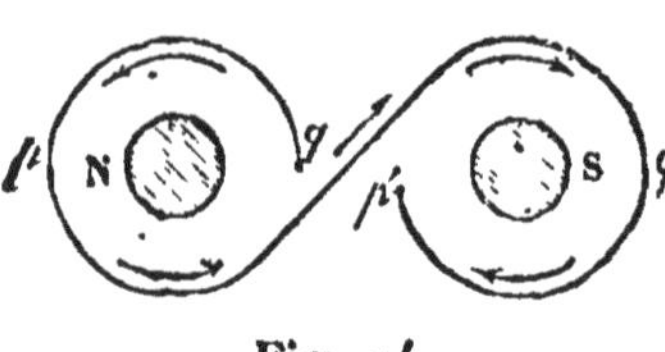

Fig. 94.

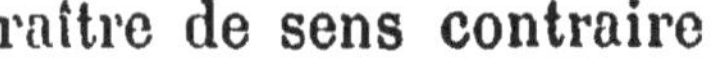

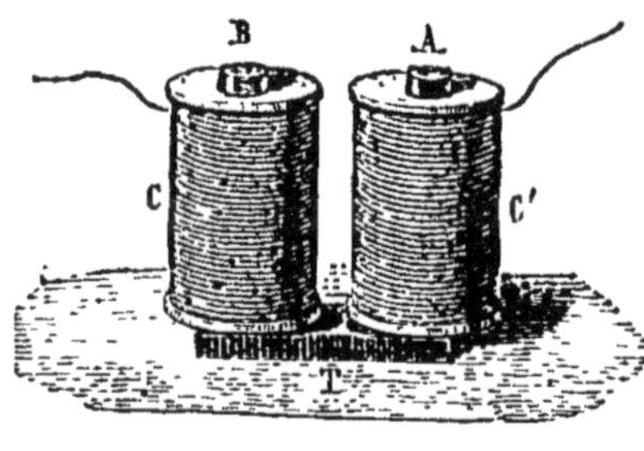

Fig. 95.

L'aimant en fer à cheval est souvent formé de deux bobines parallèles dont les noyaux sont reliés par une traverse ou culasse de fer doux (*fig.* 95).

Enfin, on obtiendra un électroaimant annulaire en recouvrant l'anneau de spires équidistantes situées dans des plans passant par l'axe (*fig.* 96). C'est de la même manière qu'on aimanterait un anneau d'acier, pour en faire un aimant annulaire permanent (**97**).

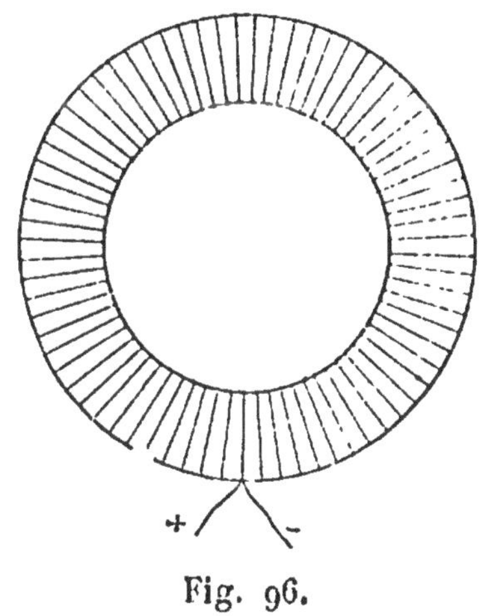

Fig. 96.

117. Induction magnétique dans un électroaimant. — Une formule simple donne l'intensité du champ intérieur d'une bobine dans la partie où ce champ est uniforme. Soit n le nombre des spires par centimètre linéaire parallèlement à l'axe, I l'intensité en ampères du courant, l'intensité F du champ intérieur a pour valeur

$$F = \frac{4\pi}{10} nI = 1{,}25 nI,$$

en prenant en nombres ronds 12,5 pour le produit 4π. Elle est indépendante du diamètre des spires et ne dépend que du produit nI; ce produit est appelé le nombre d'*ampères-tours* par centimètre.

Introduisons dans la bobine, parallèlement à l'axe, un noyau de fer doux, nous allons remplacer un milieu de perméabilité 1, l'air, par un milieu dont la perméabilité μ va être, suivant les cas, 100, 1000, 2000 fois plus grande et pour lequel l'induction sera (**93**).

$$B = \mu F = \mu . 1{,}25 nI.$$

Il faut remarquer qu'à un même nombre d'ampères-tours par centimètre correspondra la même aimantation, quelles que soient les sections de la bobine et du barreau. On peut d'ailleurs faire varier à volonté les deux termes du produit nI : dix tours d'un fil portant un ampère produisent le même effet qu'un seul tour qui en porte dix. On sera le plus souvent conduit, par économie, à enrouler le fil directement sur le barreau[1].

CHAPITRE XVII

ROTATIONS ÉLECTROMAGNÉTIQUES.

118. Mouvements électromagnétiques. — Nous avons déjà observé plusieurs exemples de mouvements déterminés par l'action du champ soit sur des aimants, soit sur des courants; ces mouvements tendaient tous à une orientation finale. Des mouvements de rotation continus, toujours dans le même sens, peuvent aussi résulter de l'action réciproque, soit d'aimants et de courants, soit de courants entre eux[2].

119. Rotation d'un aimant par un courant. — L'aimant de forme cylindrique est lesté par un cylindre de

1. Supposons le fil enroulé en une seule couche à raison de 8 spires par centimètre et l'intensité du courant égale à 0,5 ampère. Le nombre d'ampères-tours nI est égal à 4 et l'intensité du champ à l'intérieur de la bobine $1,25 \times 4 = 5$. La courbe (*fig.* 68) montre que l'intensité d'aimantation du fer doux est alors de 800 unités environ, et par suite, l'induction de 10 000. — Réciproquement, on veut aimanter un barreau de fer doux à une induction de 10 000 au moyen d'une bobine à une seule couche ayant 8 spires par centimètre, quelle doit être l'intensité du courant? La courbe montre que l'induction de 10 000 s'obtiendra avec un champ de 5 unités; on aura donc $1,25n\mathrm{I} = 5$ ou $n\mathrm{I} = 4$ et comme $n = 8$, $\mathrm{I} = 0,5$ ampère.

2. Aucune action de ce genre n'est possible entre deux aimants, ni entre deux courants fermés de forme invariable.

platine de manière à pouvoir flotter verticalement dans le mercure, un de ses pôles en dehors (*fig.* 97). L'expérience peut se faire de deux manières. Dans la figure 98 le courant amené près du bord suit la surface du mercure et s'échappe par une tige fixe placée au centre; l'aimant flotte dans une position excentrique. Dans la figure 97, la partie émergente de l'aimant sert de conducteur au courant, la pointe fixe plongeant dans une petite cavité pratiquée à la partie supérieure et remplie de mercure. L'aimant tourne dès que le courant passe. L'explication est simple. Le pôle émergent dans le premier cas, chaque partie de ce pôle dans le second, tend à suivre les lignes de forces du courant, le pôle nord dans le sens même des lignes, le pôle sud en sens contraire. Avec un pôle nord et le sens du courant indiqué par les flèches, la rotation a lieu en sens inverse des aiguilles d'une montre.

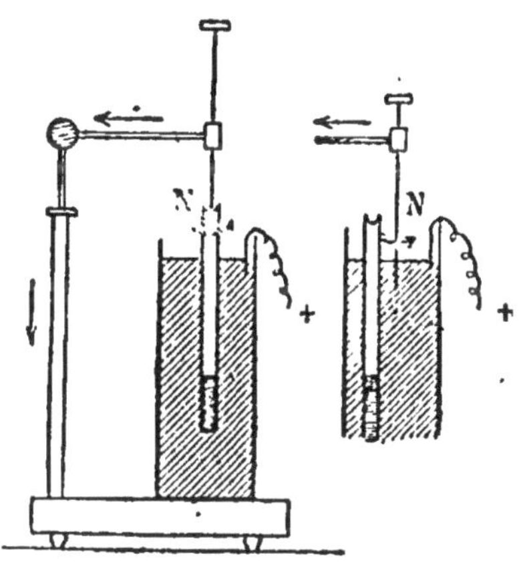

Fig. 97. Fig. 98.

120. Rotation d'un courant par un aimant. — L'expérience peut être faite au moyen de l'appareil très simple de la figure 99. Il consiste en un tube de verre fermé par deux bouchons; dans le bouchon inférieur passe l'extrémité d'un aimant autour duquel on verse du mercure, sans le submerger complètement; à l'autre bouchon est

Fig. 99.

suspendu un petit fil de platine mobile dont l'extrémité inférieure plonge dans le mercure. Ce fil prend un mouvement de rotation dès qu'il est traversé par le courant. Si le pôle est un pôle nord et que le courant soit descendant, le fil tourne dans le sens des aiguilles d'une montre.

121. Rotation d'un courant par un courant. — L'expérience se fait au moyen de l'appareil représenté

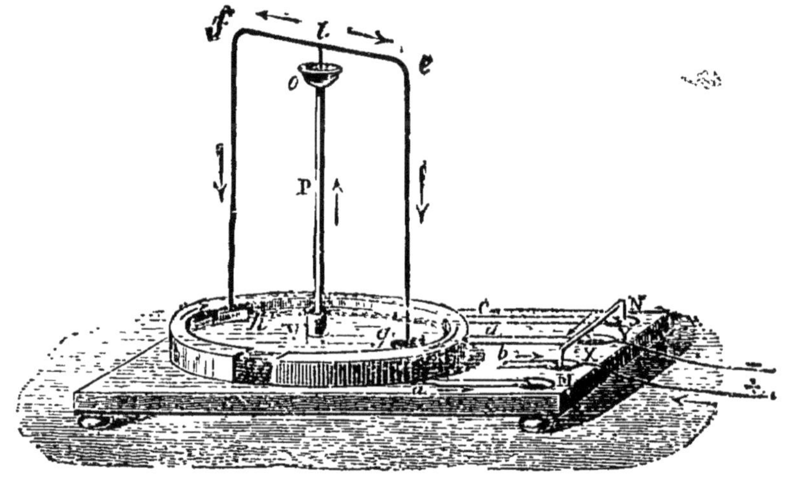

Fig. 100.

dans la figure 100. Les extrémités *g* et *h* des branches mobiles plongent dans une dissolution de sulfate de cuivre en communication avec le pôle négatif de la pile. Le pôle positif est relié à la colonne verticale qui porte le godet. Le vase de cuivre V est entouré d'une spirale dans laquelle circule un courant qui peut être le même que celui du cadre, si on introduit les deux parties dans le même circuit. Avec la disposition de la figure et le sens du courant indiqué par les flèches, la rotation a lieu en sens inverse des aiguilles d'une montre. D'une manière plus générale, un courant descendant dans la branche verticale *remonte* le courant horizontal; un courant ascendant dans la branche verticale *descend*, au contraire, le courant horizontal.

122. Roue de Barlow. — Disque de Faraday. — Une

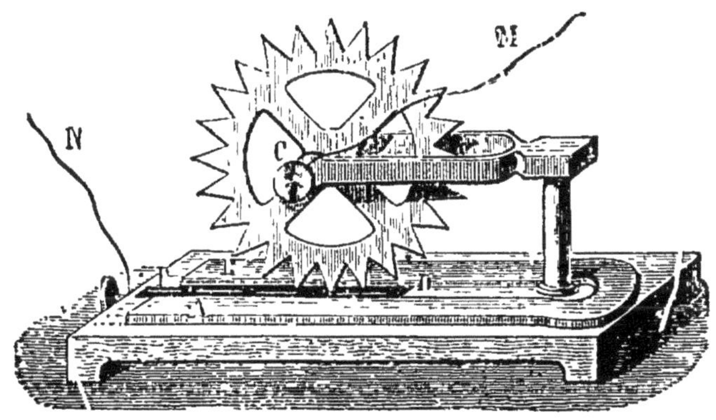

Fig. 101.

roue métallique dentée, mobile autour d'un axe horizontal (*fig.* 101), est disposée de manière qu'une ou deux dents plongent toujours, à la partie inférieure, dans une auge remplie de mercure. Un aimant en fer à cheval AB comprend l'auge entre ses deux branches. Si on met l'axe de la roue d'une part, le mercure d'autre part, en communication avec la pile, la roue prend un mouvement de rotation. Si le courant est centrifuge et si le pôle nord de l'aimant est en avant de la figure, le mouvement de la roue a lieu en sens inverse des aiguilles d'une montre.

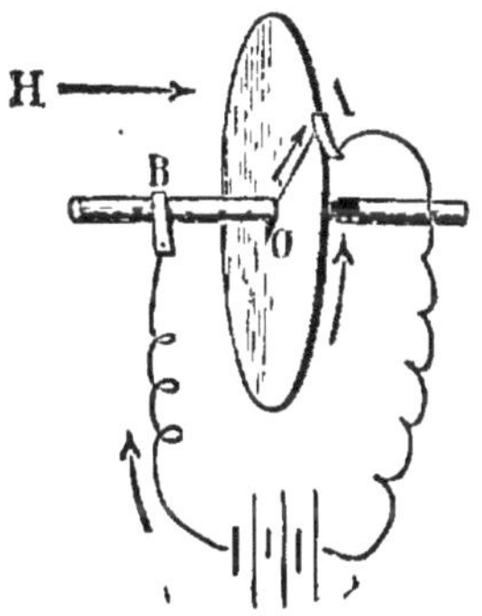

Fig. 102.

L'expérience peut être disposée d'une manière un peu différente. Un disque métallique, mobile autour d'un axe (*fig.* 102) est placé dans un champ magnétique, de manière que l'axe soit parallèle au champ. Les pôles de la pile sont mis en communication par des ressorts, l'un avec l'axe, l'autre avec le contour du disque. Celui-ci prend un mouvement de rotation uniforme. Le sens du mouvement dépend du sens du courant et de la direction du champ. Ce sens est suffisamment indiqué par les flèches de la figure 102. L'appareil porte le nom de disque de Faraday.

123. Force et travail électromagnétiques. — Tous ces mouvements et beaucoup d'autres du même genre s'expliquent facilement au moyen de deux théorèmes qu'on peut considérer comme des faits expérimentaux : le premier que *toute portion de courant placée dans un champ magnétique est soumise à l'action d'une force perpendiculaire à sa direction et dirigée vers la gauche de l'observateur placé dans le courant qui regarde dans la direction des lignes de force;* nous donnerons à cette force le nom de *force électromagnétique.*

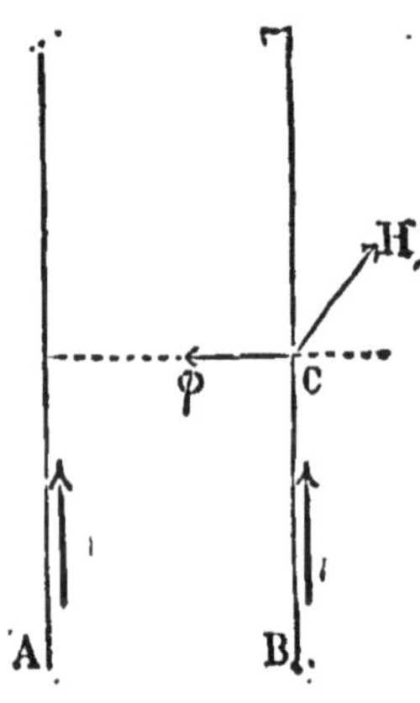

Fig. 103.

Le second que, *pour tout déplacement de l'élément de courant, le travail de la force électromagnétique est proportionnel au produit de l'intensité du courant par le flux magnétique coupé par l'élément dans son déplacement*[1], ce travail étant positif si le déplacement se fait vers la gauche de l'observateur, négatif s'il a lieu vers la droite.

Faisons d'abord l'application de ces théorèmes au cas de deux courants parallèles. L'action du courant A au point C (*fig.* 103) est représentée par la ligne CH,

1. Ou, ce qui revient au même, le flux qui traverse la surface décrite par l'élément dans son déplacement (92 et 99).

perpendiculaire au plan de figure, la force électromagnétique sera donc dans le plan de la figure et tendra à rapprocher B de A si les courants sont de même sens, à l'en éloigner s'ils sont de sens contraires.

Supposons en second lieu un cadre mobile autour d'un axe vertical dans le champ terrestre (*fig.* 104). Sur la branche ascendante, la force est dirigée vers l'ouest;

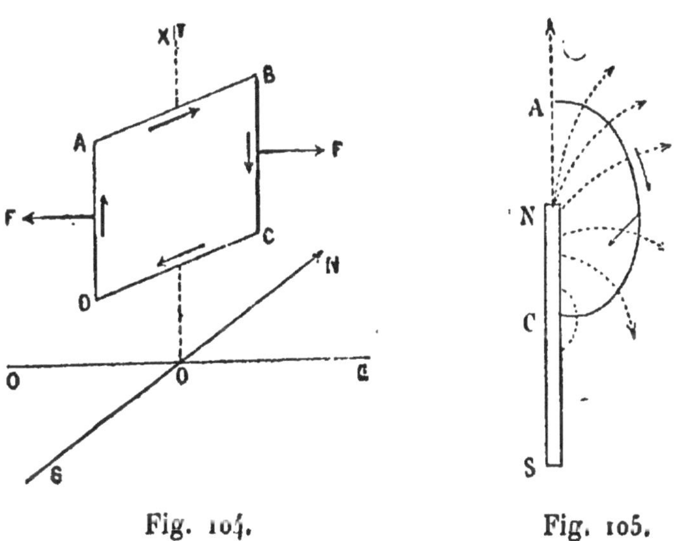

Fig. 104.

Fig. 105.

sur la branche descendante, vers l'est; le cadre est donc soumis à l'action d'un couple qui le mettra perpendiculaire au méridien magnétique, son (**112**) axe dirigé vers le nord.

Prenons maintenant l'expérience de la rotation d'un courant par un aimant.

Le courant de forme quelconque est mobile autour d'un axe qui coïncide avec l'axe de l'aimant (*fig.* 105). Si les extrémités du courant sont de part et d'autre d'un même pôle, comme dans la figure, de manière qu'il ne coupe qu'une fois chaque ligne de force, les actions sont toutes de même sens et normales au plan du courant qu'elles entraînent toujours dans le même sens. Mais si les extrémités sont toutes deux ou d'un même côté d'un des pôles en dehors, ou de part et d'autre des deux pôles soit en dedans, soit en dehors, chaque ligne de force rencontrée est coupée deux fois par le courant, une fois dans le sens positif, une fois dans le sens négatif, de telle sorte qu'à chaque instant le même flux est coupé dans les deux sens; par suite le travail est nul et il n'y a aucun mouvement.

L'expérience de la rotation d'un courant par un courant s'explique de la même manière : on substitue au champ de l'aimant le champ tout à fait de même forme d'un cadre circulaire.

Dans la roue de Barlow, le courant va toujours de l'axe à la dent en contact avec le mercure ou inversement; il est donc sensiblement vertical; les lignes du champ sont horizontales et normales au plan de la roue; la force électromagnétique est donc dans le plan de la roue et normale au rayon vertical. La roue prendra donc un mouvement de rotation continu. On raisonnerait de même pour le disque de Faraday.

124. Énergie dépensée. — Dans tous ces exemples de rotation continue la force qui produit le mouvement est une force constante; la vitesse irait donc en croissant indéfiniment si les résistances passives, frottement des supports et des contacts, résistance de l'air, etc., ne croissaient en même temps; on peut d'ailleurs demander à la machine d'exécuter un travail; par exemple à la roue de Barlow, de monter un poids; dans tous les cas, un équilibre finit par s'établir, le mouvement devient uniforme et persiste tant que le courant passe. Le travail dépensé pour l'entretien du mouvement est emprunté à chaque instant aux énergies chimiques mises en jeu dans la pile

Nous avons vu (69) comment les choses se passent en pareil cas; au lieu de l'intensité I qu'on aurait si l'appareil était immobile, on a une intensité I′ plus petite et telle que pour chaque unité de temps

$$EI' = I'^2R + T,$$

T étant le travail dépensé dans chaque seconde pour l'entretien du mouvement; en même temps, entre les bornes de la machine existe une chute de potentiel qui surpasse celle que comporte la résistance correspondante, d'une quantité e telle que $eI' = T$. La force électromotrice inverse e est égale numériquement au travail effectué en une seconde par chaque unité de courant et, par suite, en vertu du second théorème, égale au flux coupé par le courant mobile dans l'unité de temps.

CHAPITRE XVIII

INDUCTION

125. Courants d'induction. — Il nous reste à étudier un mode de production de courants très différent de ceux que nous avons vus jusqu'ici et qui, par les applications industrielles qu'il a reçues, est devenu le plus important. Les courants en question s'appellent *courants d'induction* ou *courants induits*; ils ont été découverts par Faraday (1831), et obéissent aux lois suivantes :

Toute variation dans le flux magnétique qui traverse un circuit fermé détermine dans ce circuit un courant appelé courant induit.

La durée du courant induit est celle de la variation du flux.

Le sens du courant induit est tel que, par son action électromagnétique, il tend à s'opposer à la variation qui se produit; ainsi, il donnera un flux de même sens que le flux qui tend à disparaître et un flux de sens contraire à celui qui naît ou s'accroît; si la variation est due à un déplacement du circuit, le courant induit tendrait à produire un déplacement de sens contraire[1].

126. Induction par le champ terrestre. — Un cadre par exemple, repose sur la table, formé de plusieurs spires et en communication avec un galvanomètre. On le retourne face pour face : l'aiguille reçoit une impulsion brusque, puis aussitôt revient à sa position d'équilibre, qu'elle atteint après quelques oscillations.

Si, au lieu de retourner le cadre face pour face, on le fait tourner seulement de 90°, rendant vertical son plan qui était horizontal, l'angle d'impulsion de l'aiguille est deux fois moindre que dans le premier cas.

Si enfin on déplace le cadre parallèment à lui-même, en le faisant par exemple glisser sur la table, l'aiguille reste immobile ; il n'y a pas de courant produit.

Le flux qui traverse le cadre est le flux terrestre dont il n'y a à considérer ici que la composante verticale dirigée de haut en bas.

Dans la seconde expérience, le flux qui traverse le cadre (**92**) passe de la valeur primitive à zéro. Dans la première, le flux qui entrait par une face entre finalement par la face opposée, l'effet est le même que si l'on avait renversé le flux ; la variation est deux fois plus grande. Enfin, dans le troisième cas, le flux est le même dans toutes les positions du cadre ; il n'y a pas de variation, par suite, pas de courant.

Le sens du courant est le même dans les deux pre-

1. Cette dernière loi est connue sous le nom de *Loi de Lenz*

mières expériences. Pour l'observateur qui regardera toujours la face du cadre qui était primitivement devant lui, le sens est celui des aiguilles d'une montre : il donne un flux de haut en bas dans la première partie du mouvement, et de bas en haut dans la seconde.

127. Induction par un aimant. — Que du même cadre reposant sur la table, on approche verticalement un aimant par son pôle nord. Le flux qui envahit le cadre est dirigé de haut en bas : un courant induit va se produire donnant un flux dirigé de bas en haut; autrement dit le courant parcourt le cadre en sens inverse des aiguilles d'une montre. Si on éloigne l'aimant, nouveau courant dans le sens des aiguilles d'une montre. Dès qu'on arrête l'aimant dans une position quelconque, le courant cesse.

128. Induction par un courant. — Prenons deux bobines creuses A et B pouvant être placées l'une dans l'autre (*fig.* 106). Le fil de l'une est en communication avec le galvanomètre; le fil de l'autre avec la pile, mais par l'intermédiaire d'un interrupteur qui permet d'établir, de rompre ou de renverser le courant à volonté. La première s'appelle la bobine *induite*, la seconde la bobine *inductrice* ; l'une ou l'autre des bobines A et B peut d'ailleurs être prise comme bobine inductrice

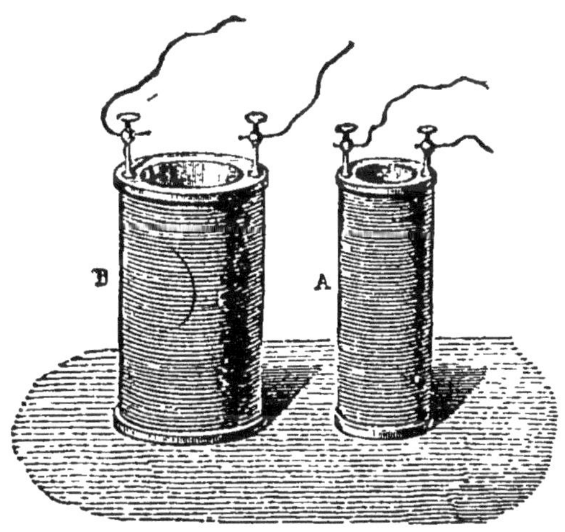

Fig. 106.

Les deux bobines étant l'une dans l'autre, si on établit le courant dans la bobine inductrice, l'aiguille du galvanomètre reçoit une impulsion, puis revient de suite à sa position d'équilibre. Si on rompt le courant, on a une impulsion égale à la première, mais de sens contraire. Si au lieu de rompre le courant, on le renverse, on a une impulsion double dans le dernier sens. L'aiguille reste d'ailleurs immobile tant que le courant est constant. Mais toute variation dans l'intensité la déplace, une augmentation dans le premier sens, une diminution dans le second.

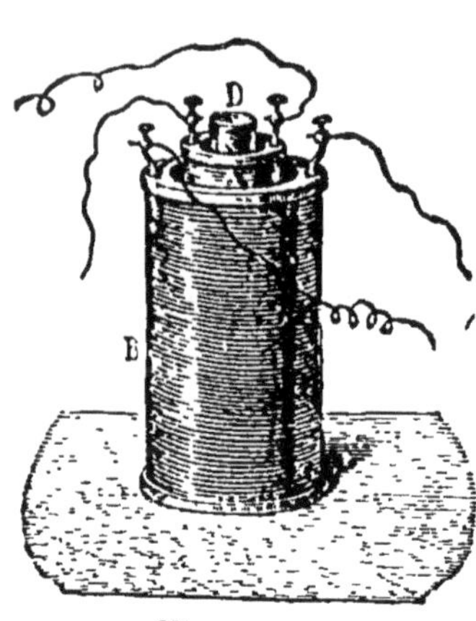

Fig. 107.

En établissant le courant, on fait naître le champ de la bobine inductrice, lequel traverse la bobine induite, par exemple de haut en bas; le courant induit donne au même instant un champ dirigé de bas en haut; ce courant est dit *inverse* parce qu'il tourne en sens inverse du courant inducteur. Quand on rompt le courant, on annule un champ dirigé de haut en bas, le courant induit donne un champ de même sens. Dans les deux bobines, les spires sont parcourues dans le même sens; le courant induit est dit *direct*. De même pour toute augmentation ou diminution du champ[1].

129. Emploi d'un noyau de fer doux. — Les deux bobines étant toujours l'une dans l'autre, on introduit

1. Dans cette disposition de l'expérience, on emploie souvent les mots *primaire* et *secondaire* à la place des mots *inducteur* et *induit*. Ainsi on dit le fil primaire, le fil secondaire, le courant primaire, le courant secondaire, etc.

dans la cavité centrale un barreau de fer doux D (*fig.* 107). A cause de la grande perméabilité de fer (93), le flux qui traverse la bobine induite va être beaucoup plus considérable ; l'intensité des courants induits croîtra dans le même rapport.

130. Self-induction. — Enfin, prenons une bobine unique, l'une des deux bobines A ou B par exemple, et mettons-la en communication ec la pile par l'interrupteur. Au moment où on ferme le circuit, un flux s'établit qui agit sur la bobine elle-même comme il ferait sur une bobine voisine et y développe un courant induit inverse, c'est-à-dire de sens contraire au courant principal et qui, parcourant le même fil, diminue son intensité ; au moment de la rupture, la suppression du flux détermine la production d'un courant direct qui s'ajoute cette fois au courant principal. Ce phénomène est désigné sous le nom d'*induction du courant sur lui-même* ou de *self-induction*. Il empêche le courant qui commence de prendre de suite sa valeur normale ; il augmente au contraire l'intensité du courant qui va finir et rend plus forte l'étincelle qui accompagne la rupture. Les effets de self-induction se produisent dans toute espèce de circuits, mais ils sont surtout marqués dans les circuits qui renferment des bobines, principalement des bobines à noyau de fer doux.

131. Courants induits continus. — Dans les exemples qui précèdent, le courant induit est en réalité une décharge dont la durée est plus ou moins grande ; c'est un courant momentané qui part de zéro pour redevenir nul après avoir passé par un maximum. On peut obtenir aussi par induction des courants continus.

On obtiendra, par exemple, des courants continus et constants en faisant tourner d'un mouvement uniforme l'un quelconque des appareils de rotation étudiés dans le chapitre précédent. Supprimons la pile, fermons le circuit sur lui-même, et, au moyen d'un mécanisme quelconque, imprimons au système mobile un mouvement de rotation uniforme dans le sens de la flèche marquée sur la figure; le circuit va être parcouru par un courant induit de sens *contraire* à celui qui produisait le même mouvement. Ainsi dans l'arc mobile de la figure 105, le courant induit ira de B vers A, et dans le disque de Faraday (*fig.* 102), le courant, centrifuge dans la figure, deviendra centripète, etc.

Ces machines sont donc réversibles. Si on leur fournit de l'énergie électrique, elles donnent du travail mécanique; si on leur donne du travail mécanique elles rendent de l'énergie électrique.

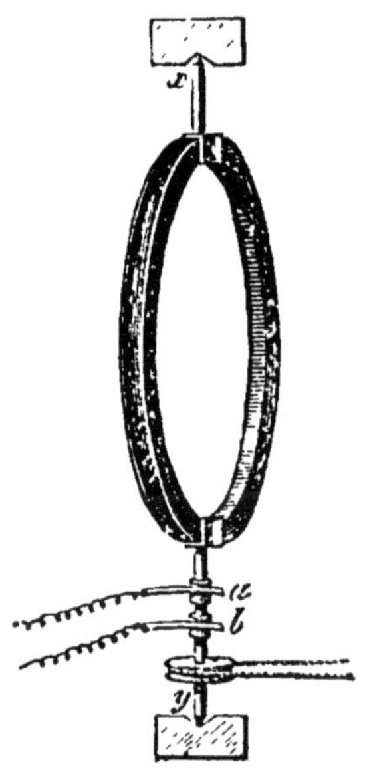

Fig. 108.

132. Courants alternatifs. — On obtiendra un courant continu mais variable à chaque instant, en faisant tourner un cadre autour d'un de ses diamètres dans un champ uniforme tel que le champ terrestre (*fig.* 108). Les deux extrémités du fil enroulé sur le cadre aboutissent à deux bagues isolées *a* et *b* sur lesquelles frottent deux ressorts qui recueillent le courant. Le courant change de sens à chaque demi-révolution; un pareil courant est appelé *courant solénoïdal* parce que son intensité peut être représentée aux instants successifs par les ordonnées d'un sinusoïde construite avec les temps pour abscisses. L'intensité étant variable à chaque instant, les effets de self-induction prennent ici une importance considérable et d'autant plus grande que la période est plus courte; ils portent non seulement sur l'intensité du courant, mais sur sa *phase :* le courant qui devrait s'annuler au moment où le cadre est perpendiculaire au champ, ne s'annule qu'après avoir dépassé cette position d'un angle qui peut aller jusqu'à 90°.

133. Courants de Foucault. — Nous n'avons considéré jusqu'ici que des conducteurs linéaires; toute variation du flux détermine également des courants d'induction dans une masse métallique quelconque. Ces courants épuisent leur énergie dans la masse en l'échauffant. Conformément à la loi générale, ils tendent toujours à s'opposer à la variation qui se produit.

Donnons par exemple un mouvement de rotation à un disque de cuivre passant entre les pôles d'un électroaimant (*fig.* 109). Tant que l'électroaimant n'est pas excité, le disque tourne avec la plus grande facilité; mais la résistance devient considérable sitôt qu'on fait passer le courant dans les bobines. En même temps le disque s'échauffe de toute la chaleur correspondant au travail mécanique absorbé.

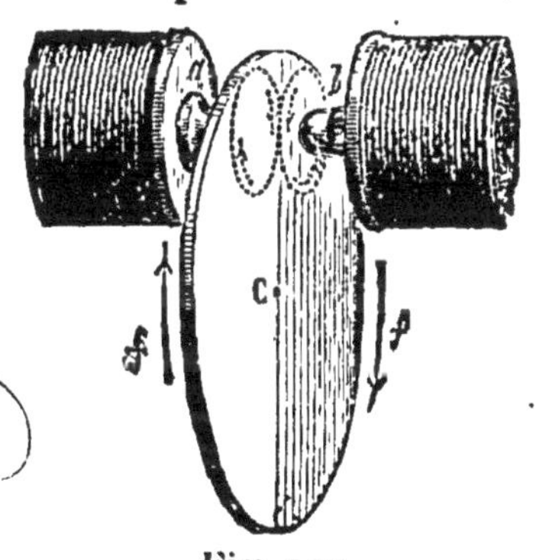

Fig. 109.

L'effet est d'autant plus marqué que le disque est plus conducteur; on l'annule en rompant la continuité par des traits de scie menés suivant les rayons.

Une autre forme curieuse de l'expérience consiste à suspendre un cube de cuivre entre les deux pôles d'un électroaimant. On tord le fil de suspension; le cube, abandonné ensuite à lui-même, prend un mouvement rapide de rotation : il s'arrête instantanément quand on excite l'électroaimant. Si on cherche à faire osciller le cube dans le champ entre les deux pôles, il semble qu'il se meuve dans un milieu visqueux.

On utilise ces effets pour amortir rapidement les oscillations d'une aiguille aimantée. On place au-dessous de l'aiguille un disque de cuivre. Le mouvement de l'aiguille y développe des courants induits qui, par leur réaction, ont bientôt absorbé son énergie.

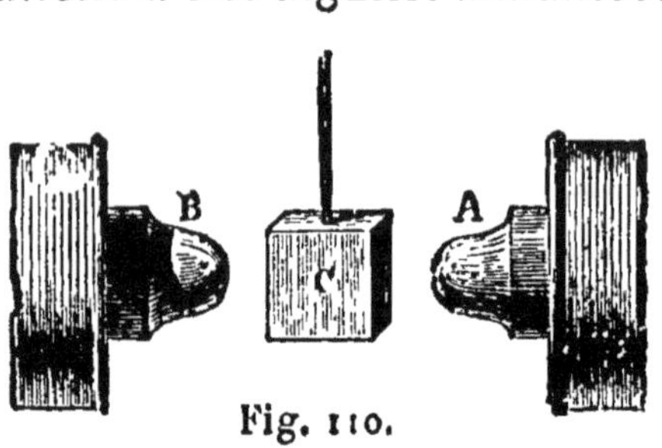

Fig. 110.

134. Force électromotrice d'induction. — Nous savons que toute portion de circuit traversée par un courant qui se déplace dans un champ magnétique, donne du travail; et, d'autre part, que là où le travail est dépensé, il se produit, dans le sens du courant, une chute de potentiel qui agit à la manière d'une force électromotrice inverse et dont la valeur numérique est proportionnelle au flux coupé dans l'unité du temps (**124**). Cette force électromotrice inverse se produit toujours la même pour une même variation du flux qui traverse le circuit, quelque soit le courant dont ce circuit est le siège, *même lorsque ce courant est nul;* c'est elle qui donne le courant induit.

Le calcul de la force électromotrice d'induction est simple dans deux cas, celui du courant constant et celui de la décharge. Dans le cas du courant constant, la force électromotrice en volts s'obtient en calculant le flux coupé dans une seconde et le divisant par 10^8.

Soit par exemple le disque de Faraday : à chaque tour un rayon du disque coupe un flux qui a pour valeur le produit SH de la surface par l'intensité du champ ; s'il fait n tours par seconde, le flux coupé dans chaque unité de temps est nSH et, d'après la règle ci-dessus, la valeur de la force électromotrice en volts est $\frac{nSH}{10^8}$.

Supposons que le disque ait un mètre carré et qu'il tourne autour d'un axe horizontal situé dans le méridien magnétique en faisant 10 tours par seconde, on a

$$S = 10^4, \quad H = 0,2, \quad n = 10$$

$$E = \frac{2.10^4}{10^8} = 2.10^{-4} \text{ volts.}$$

Si la résistance de circuit est de $0^{ohm},001$, l'intensité du courant sera $0^{amp},2$.

Comme exemple du second cas, calculons la quantité d'électricité mise en mouvement dans la première expérience, celle où l'on retourne, face pour face, un cadre placé horizontalement.

Soit Z la composante verticale du champ terrestre, S la surface totale du cadre (si r est le rayon des spires et qu'il y en ait n, $S = n\pi r^2$), la variation totale du flux dans le retournement est 2SZ ; si R est la résistance du circuit, la quantité m d'électricité qui traverse le galvanomètre est donnée par la formule

$$m = \frac{2SZ}{10^8 R};$$

soit $Z = 0,42$. Prenons $S = 10^4$ et $R = 0^{\omega},01$, on aura

$$m = 0^{coul},0084.$$

On voit que la quantité totale d'électricité mise en mouvement dans un courant induit qui part de zéro pour redevenir zéro, ne dépend que de la variation totale du flux et de la résistance du circuit, et nullement du temps qu'a duré la variation ni de la manière dont elle s'est effectuée.

CHAPITRE XIX

MACHINES FONDÉES SUR L'INDUCTION.

135. Machine Gramme. — La machine Gramme est le type des machines industrielles à courants continus fondées sur l'induction.

L'organe principal de la machine est un *anneau* en fer doux A entièrement recouvert de spires toutes enroulées dans le même sens et groupées par sections (*fig.* 111)[1]. Chaque section B communique à la suivante par l'intermédiaire d'une lame conductrice, ou *touche* L, appliquée sur un cylindre isolé concentrique à l'anneau et faisant corps avec lui, qu'on appelle le *collecteur*. Il y a autant de touches que de sections. Une même section a ses deux extrémités sur deux touches consécutives, de telle sorte que chaque touche est soudée à l'extrémité postérieure de la section qui la précède et à l'extrémité antérieure de la section qui la suit. Le circuit des spires est ainsi fermé sur lui-même.

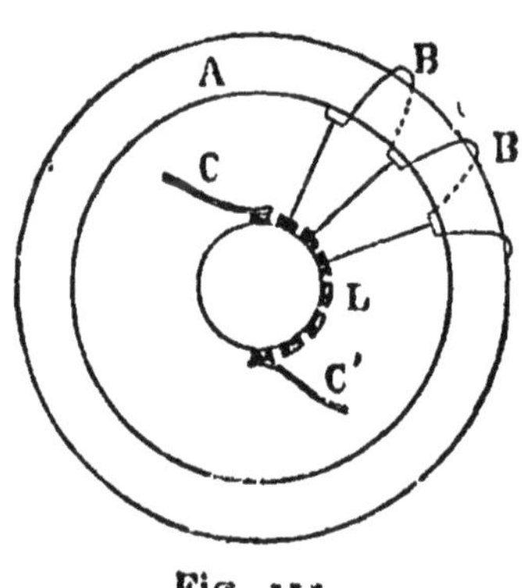

Fig. 111.

L'anneau est placé entre les pôles d'un aimant ou d'un électroaimant en fer à cheval (*fig.* 112). Sans l'anneau de fer doux, le champ compris entre les branches serait sensiblement uniforme; mais, à cause de la très grande perméabilité du fer de l'anneau, la presque totalité du flux qui émane du pôle positif pénètre dans l'anneau (*fig.* 113), s'y partage en deux branches égales et sort par l'extrémité opposée; aucune ligne ne traverse le

1. Dans la figure 111, chaque section ne comprend qu'une spire; en réalité, elle se compose de plusieurs spires.

creux central de l'anneau. Il en est de même, que l'anneau soit fixe ou en mouvement. Tous ces faits sont mis en évidence par le spectre de limaille. L'électro-aimant et l'anneau forment ainsi un circuit magnétique presque complet, qui n'est interrompu que dans l'inter-

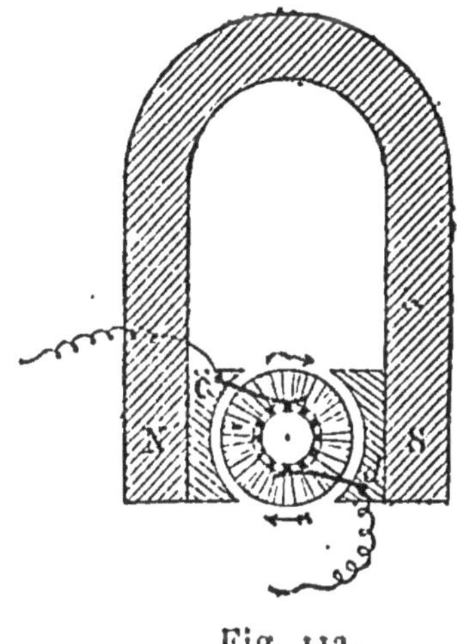

Fig. 112.

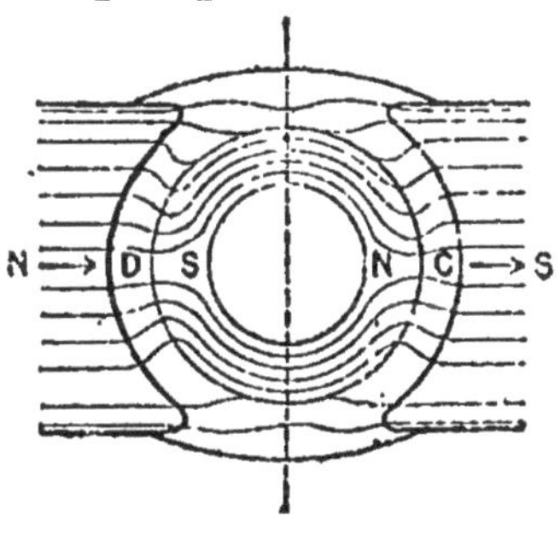

Fig. 113.

valle compris entre les surfaces polaires et l'anneau, intervalle qui est occupé par de l'air et du cuivre, et qu'on appelle l'*entre-fer*[1].

Il résulte de là que si on fait tourner l'anneau, la partie extérieure seule des spires coupe des lignes de force; elle n'en coupe aucune dans le voisinage du diamètre vertical; c'est au contraire dans le voisinage du diamètre horizontal qu'elle en rencontre le plus grand nombre.

Quant à l'anneau, ses pôles gardent une position fixe dans l'espace, mais son aimantation est constamment variable et il est facile de voir que, pour chaque élément de volume, elle accomplit un cycle complet par tour. Il en résulte une perte de travail inévitable (94). Une perte beaucoup plus grande serait celle que donneraient les courants de Foucault si l'anneau formait une masse

1. Dans la pratique, on cherche à réduire autant que possible cet intervalle.

métallique continue (**132**). On évite ces courants en formant l'anneau de spires de fil de fer concentriques, isolées électriquement les unes des autres.

La machine est complétée par deux *balais* C et C' (*fig.* 111) formés de faisceaux de fils de cuivre et appliqués sur le collecteur, aux deux extrémités du diamètre vertical.

136. Machine fonctionnant comme réceptrice.— Supposons d'abord qu'on mette les balais en communication avec les pôles d'une pile : par exemple le balai supérieur avec le pôle positif, le balai inférieur avec le pôle négatif. Le courant de la pile se divisera également entre les deux branches de droite et de gauche de l'anneau. Si l'on considère la partie extérieure d'une spire, il est évident que si le courant la parcourt d'arrière en avant dans la partie gauche, il la parcourt d'avant en arrière dans la partie droite et comme le flux est supposé aller de gauche à droite (*fig.* 113), il en résulte que la force électromagnétique est dirigée vers le haut pour toutes les spires du côté gauche et vers le bas pour toutes celles du côté droit; l'anneau sera donc soumis à un couple qui l'entraînera dans le sens des aiguilles d'une montre. La vitesse croîtra jusqu'à ce qu'il y ait équilibre entre le travail des forces électromagnétiques et celui des forces extérieures. Dans ces conditions la machine reçoit de l'énergie électrique et rend du travail mécanique; on dit qu'elle fonctionne comme *réceptrice*. La chûte de potentiel entre les deux balais surpasse celle qui est due à la résistance, d'une quantité E qui représente la force électromotrice inverse (**123**). Cette chute est proportionnelle à la vitesse.

137. Machine fonctionnant comme génératrice. — Au lieu de mettre les balais en relation avec un électromoteur, réunissons-les par un circuit extérieur et au moyen d'un moteur quelconque, une machine à vapeur par exemple, faisons encore tourner l'anneau, comme tout à l'heure, dans le sens des aiguilles d'une montre. Un courant naîtra dans les spires, s'opposant à ce mouvement, et ce courant sera de sens contraire au précédent, c'est-à-dire qu'il ira du balai inférieur au balai supérieur à travers les deux branches de l'anneau, et du balai supérieur au balai inférieur dans le circuit extérieur. Le premier sera le pôle positif de la machine, le second le pôle négatif. Quant à la force électromotrice elle sera, pour une valeur donnée du champ, proportionnelle à la vitesse et, pour chaque vitesse, égale à la valeur de E trouvée précédemment. Dans ce cas, la machine transforme le travail mécanique en énergie électrique. On dit quelle fonctionne comme *génératrice*.

138. Dynamos. — On prend comme inducteur un aimant dans les petites machines (*fig.* 112). Dans les machines industrielles (*fig.* 114), l'aimant est remplacé par un électroaimant, qui est excité par le courant même de la machine. L'intensité du champ est alors fonction de l'intensité du courant. Il suffit d'une trace de magnétisme remanent dans les électros, pour que la machine s'amorce d'elle-même. On donne à ces machines le nom de *dynamos*. On peut d'ailleurs faire passer dans l'inducteur soit la totalité du courant, soit une dérivation, soit encore, en enroulant deux fils sur les branches de l'électroaimant, la totalité du courant par l'un et une dérivation par l'autre. La dynamo est dite, suivant le cas, *dynamo en série*, en *dérivation* ou *compound*.

Ces machines sont d'excellents agents de transformation. On obtient couramment des machines ayant un rendement minimum de 90 p. 100, c'est-à-dire rendant en énergie électrique 90 p. 100 du travail mécanique qui leur est fourni, ou inversement. On en fait de toutes dimensions; l'industrie en emploie dont la puissance atteint plusieurs centaines de kilowatts. Comme intensité on ne dépasse guère 1000 ampères et comme force

Fig. 114.

électromotrice 2500 volts. Les machines servant à l'éclairage fonctionnent le plus souvent à 110 volts.

139. Calage des balais. — Nous avons supposé les balais aux deux extrémités du diamètre vertical. En réalité, pour éviter les étincelles qui détruiraient vite les balais et le collecteur, on les déplace légèrement, dans le sens du mouvement de l'anneau dans les machines génératrices, en sens contraire, dans les machines réceptrices.

140. Transport de l'énergie. — Réunissons deux à deux, par des fils conducteurs de longueur quelconque, les pôles des deux dynamos A et B et mettons la machine A en relation avec une machine à vapeur, une turbine, etc. A fonctionne comme génératrice, B comme réceptrice et on pourra ainsi utiliser au point B le travail recueilli en A. Tel est le problème connu sous le nom assez impropre de *transport de la force.*

Ce qu'on transporte en effet, ce n'est pas la force mais l'énergie. Si chacune des machines a un rendement de 90 p. 100 et qu'on perde 10 p. 100 dans la transmission, on recueillera en B 70 p. 100 du travail produit en A.

Que l'énergie électrique soit transportée pour être convertie en travail mécanique ou utilisée directement sous forme d'éclairage par exemple, le transport est d'autant plus économique qu'il a lieu à potentiel plus élevé, ou, comme on dit souvent dans la pratique, à pression plus grande[1].

141. Machines à courants alternatifs. — Le type des machines à courants alternatifs est le cadre tournant dans un champ uniforme (**132**). Ces machines sont très nombreuses : ce sont celles qui se présentent spontanément. Le courant de la machine Gramme n'est continu que grâce à l'artifice du collecteur qui fait dans des limites convenables la sommation des forces électromotrices, en réalité alternatives, qui agissent sur chaque spire. Quelle que soit la machine, on pourrait redresser le courant dans le circuit extérieur par un commutateur convenable ; mais l'emploi des commutateurs entraîne toujours une perte d'énergie se traduisant par des étincelles qui mettent rapidement les collecteurs hors de service.

1. Supposons qu'on veuille transporter 50 000 watts à une distance de 1000 mètres avec une perte de 10 p. 100.

Un courant de 500 ampères, à la pression de 100 volts, demandera un conducteur de 0,02 ohm. Ce conducteur aura une section de 1600 millimètres carrés, son poids sera de 28 tonnes et son prix de 84 000 francs environ.

En transportant la même somme d'énergie par un courant de 50 ampères sous une pression de 1000 volts, la résistance du fil sera de 2 ohms ; sa section de 16 millimètres carrés, son poids de 280 kilogrammes ; son prix de 840 francs.

Les courants alternatifs se rapprochent plus ou moins de la forme solénoïdale. L'intensité variant à chaque instant, les phénomènes d'induction prennent une importance considérable et d'autant plus que la *période* est plus courte [1].

L'intensité moyenne d'un courant alternatif est nulle puisque le courant passe périodiquement par les mêmes valeurs en sens contraires; aussi, pour les grandes fréquences, son action sur le galvanomètre est nulle et dans un voltamètre il ne donne lieu à aucune décomposition chimique.

Au contraire, l'échauffement des conducteurs étant proportionnel au carré de l'intensité, n'est pas affecté par les changements de sens du courant. Aussi les courants alternatifs peuvent-ils être employés à l'éclairage aussi bien que les courants continus. On appelle *intensité efficace* d'un courant alternatif, l'intensité du courant constant qui donnerait la même quantité de chaleur dans le même circuit.

Une machine à courants alternatifs se compose nécessairement d'un inducteur et d'un induit. Si l'inducteur est un électroaimant, il ne peut emprunter à la machine elle-même son courant d'excitation; il doit le recevoir d'une dynamo à courant constant qu'on appelle son *excitatrice*.

142. Machine Gramme alternative. — Dans la machine Gramme à courants alternatifs l'induit est fixe, l'inducteur mobile (*fig.* 115). L'induit est constitué par un tambour cylindrique formé d'un noyau en fil de fer doux recouvert de spires parallèles aux génératrices du cylindre. Ces spires sont partagées en huit sections

1. On appelle *période* la durée d'une oscillation complète. La *fréquence* est le nombre des périodes par seconde; dans les machines usuelles, elle varie de 60 à 100.

enroulées alternativement en sens contraires. L'inducteur est formé de huit électroaimants à pôles alternés qui tournent à l'intérieur du tambour. Ces électroaimants entraînent avec eux le flux qui est coupé successivement par la portion intérieure des différentes spires ; à chaque instant le courant a la même valeur dans toutes les sections. Les extrémités des bobines

Fig. 115.

étant fixes, on peut les associer à volonté. Si on les met en série, la force électromotrice de la machine est la somme des forces électromotrices de toutes les sections. On peut obtenir ainsi des potentiels très élevés. Toutes choses égales d'ailleurs, les courants alternatifs sont plus dangereux que les courants continus.

143. Transformateurs. — Au lieu d'utiliser directement le courant alternatif, on peut l'employer à exciter par induction un courant de même espèce dans un circuit voisin. Le courant primaire (**128**) correspondait à un certain nombre de volts et d'ampères, E et I, le courant secondaire correspondra à d'autres nombres E' et I'. Si la transformation s'est faite sans perte d'énergie, on aura

$$EI = E'I',$$

et on pourra, par une disposition convenable des appareils, modifier à volonté, suivant les besoins, les deux facteurs du produit.

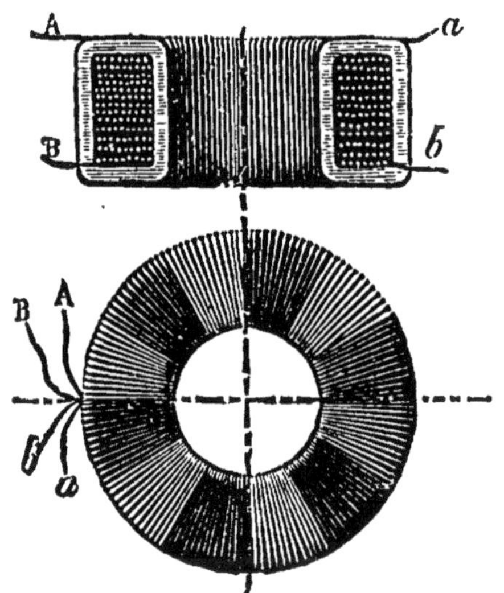

Fig. 116.

Ces appareils sont appelés *transformateurs.*

La figure 116 représente une des dispositions les plus employées. Sur un noyau de fer doux composé de fils isolés pour éviter les courants de Foucault, sont enroulés, alternativement par sections, les deux circuits primaire et secondaire. La variation du flux d'induction étant la même pour chaque spire, les forces électromotrices E et E' seront entre elles comme les nombres des spires de chaque circuit[1].

1. On a vu plus haut l'économie que donnent les hautes pressions pour le transport de l'énergie. Supposons qu'on veuille distribuer sous une pression de 100 volts dans une station B, l'énergie produite dans une station A. En A une machine à courants alternatifs fonctionnant, par exemple à 1000 volts, actionnera un premier transformateur qui enverra dans la ligne le courant sous une pression de 5000 volts; en B, un second transformateur ramènera la pression à 100 volts.

144. Bobine de Ruhmkorff. — La bobine de Ruhmkorff est un véritable transformateur dans lequel on cherche, au moyen d'un courant de grande intensité produit par un générateur de force électromotrice faible, à obtenir sur le fil induit une force électromotrice considérable, capable de donner de longues étincelles, de charger des batteries, en un mot de reproduire tous les effets qu'on obtient ordinairement avec les machines électrostatiques.

L'appareil (*fig.* 117) se compose d'un noyau de fer

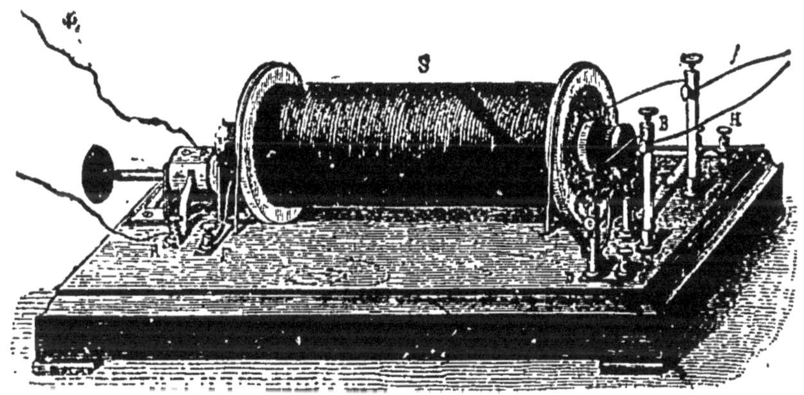

Fig. 117.

doux de forme cylindrique constitué par un faisceau de fils parallèles; ce noyau est recouvert d'un fil de gros diamètre formant le fil primaire et, par-dessus comme fil secondaire, d'un nombre considérable de tours d'un fil fin, aboutissant à deux bornes B et C, qu'on appelle les pôles de la machine. Le fil induit est parfaitement isolé pour éviter les étincelles intérieures. Au lieu de l'enrouler par couches successives parallèles à l'axe, on l'enroule sous forme de galettes perpendiculaires à l'axe, qu'on juxtapose en les séparant par des cloisons isolantes. De cette manière, le potentiel va en croissant d'une extrémité à l'autre du fil, sans qu'une différence trop grande existe jamais entre deux couches voisines.

Le courant primaire est fourni par une pile et l'induction produite par l'interruption et le rétablissement périodiques du courant.

145. Interrupteur. — L'interruption se fait souvent au moyen d'un morceau de fer doux O placé au-dessous de l'extrémité M du noyau (*fig.* 118). Le marteau OD et son enclume, avec les pièces correspondantes *e a* H, font

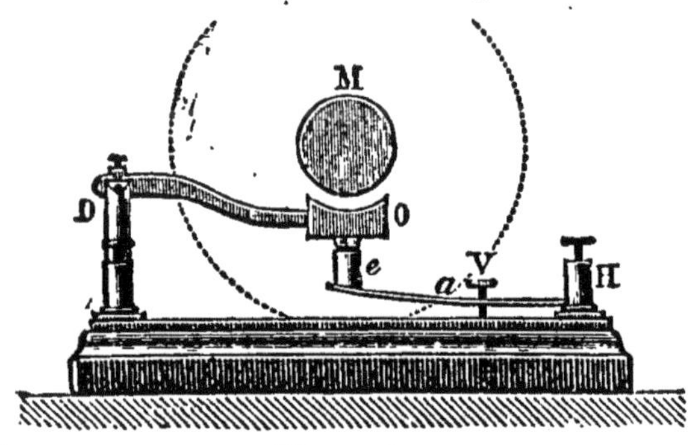

Fig. 118.

partie du circuit primaire. Si le courant passe, le noyau s'aimante, le marteau est soulevé, et le courant interrompu entre O et *e*; le marteau en retombant rétablit le courant, et ainsi de suite.

La durée de l'interruption est prolongée par l'étincelle qui jaillit entre le marteau et l'enclume. Pour rendre l'interruption plus brève, il y a avantage, comme l'a montré Foucault, à la produire au moyen d'une pointe de platine plongeant dans du mercure et à laquelle on donne un mouvement de va-et-vient (*fig.* 119). On réduit beaucoup l'étincelle en recouvrant le mercure d'une couche d'alcool. Le mouvement de va-et-vient est entretenu par une pile, un électroaimant et un interrupteur indépendants.

146. Condensateur de Fizeau. — On augmente la puissance de la bobine en reliant les extrémités du fil

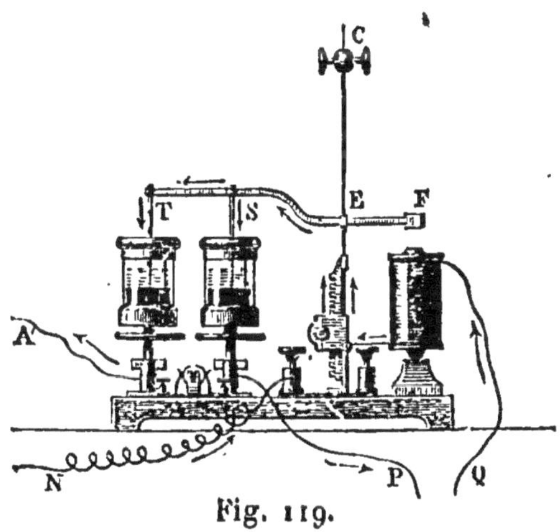

Fig. 119.

primaire respectivement à chacune des armatures d'un condensateur. Ce condensateur est logé dans le socle de l'appareil.

Au moment de la rupture, le flux d'électricité dû à la self-induction, au lieu de franchir l'intervalle qui sépare l'enclume du marteau, charge le condensateur qui se décharge ensuite par le fil primaire. L'étincelle de rupture est ainsi beaucoup diminuée et la suppression du courant beaucoup plus brusque.

147. Effets de la bobine. — Si on réunit par un conducteur les deux pôles de la machine, celui-ci est parcouru par une succession de courants alternativement de sens contraires, sans action sur le galvanomètre (**141**).

Si on coupe le fil et qu'on écarte les extrémités, le courant continue à passer sous forme d'étincelles très bruyantes pouvant atteindre parfois une très grande longueur. Les grandes bobines de Ruhmkorff, qui ont environ 60 centimètres de longueur et portent 120 kilomètres de fil induit, peuvent donner des étincelles de 45 centimètres.

Ces étincelles sont toujours un peu grêles. On peut les rendre plus nourries en mettant les deux pôles respectivement en communication avec les armatures d'un condensateur. On augmente ainsi la capacité du fil. Comme une bouteille de Leyde serait incapable, avec les grosses bobines, de supporter la différence de potentiel qui se produit entre les deux pôles, on emploie une cascade (**39**).

Quand on écarte progressivement les deux extrémités des fils rattachés aux pôles, on constate que le courant direct passe plus facilement que le courant inverse, et qu'on peut même, en augmentant suffisamment la distance, livrer seulement passage au premier. La bobine fournit alors un courant interrompu, toujours de même sens, qui peut charger une batterie.

Quand on relie les pôles par un tube contenant un gaz raréfié, un tube de Geissler par exemple, on obtient de belles stratifications. L'étude de ces apparences lumineuses au moyen d'un miroir tournant, montre encore que la décharge n'est pas un phénomène continu, mais se produit par une série d'oscillations alternativement de sens contraires.

148. Expériences de Tesla. — On arrive à des potentiels encore plus élevés en excitant le fil primaire par la décharge d'un condensateur. On sait que, dans certaines conditions, cette décharge se fait par des oscillations dont la durée excessivement courte est de l'ordre des millionièmes de seconde; ces oscillations déterminent des variations de flux extrêmement rapides et, par suite, des courants induits d'une très grande intensité. Une des dispositions les plus simples est la suivante. Deux bouteilles de Leyde M et N (*fig.* 120) sont chargées en cascade par leurs armatures intérieures (42), tandis que les armatures extérieures communiquent avec les deux extrémités du fil primaire *cd*. La bobine secondaire, dont les extrémités sont *a* et *b* est enroulée autour de la première.

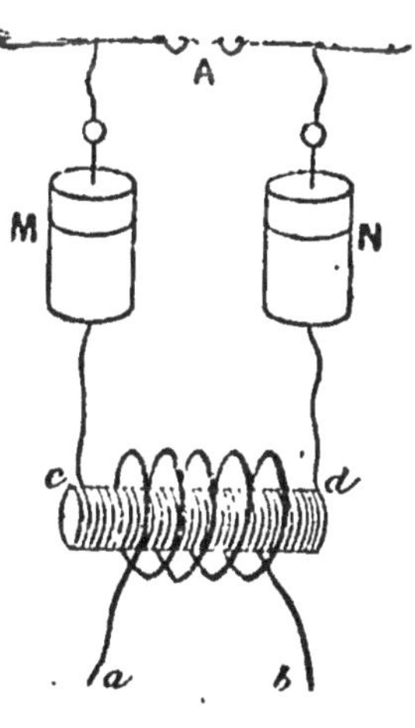

Fig. 120.

Chaque fois que les bouteilles se déchargent en A en donnant l'étincelle ordinaire, les armatures extérieures chargées d'électricités contraires, se déchargent à travers le fil primaire sous la forme instantanée et oscillante. Les courants d'induction développés dans le fil secondaire portent les deux extrémités du fil à des potentiels alternativement positifs et négatifs tellement élevés, que les deux fils laissent échapper des aigrettes lumineuses dans toute leur longueur et sont comme entourés d'une gaine brillante ; enfin qu'ils agissent par induction, à grande distance, sur les conducteurs voisins.

Une isolation parfaite est absolument nécessaire et les deux bobines primaire et secondaire doivent être plongées dans de l'huile débarrassée avec soin de toute trace d'eau.

Une propriété curieuse de ces courants est qu'on peut sans danger fermer le circuit *ab* par le corps ; des courants alternatifs de même énergie, mais qui au lieu de faire des millions d'oscillations par seconde n'en feraient que plusieurs milliers, seraient foudroyants.

CHAPITRE XX

TÉLÉGRAPHIE ÉLECTRIQUE.

149. Communication électrique entre deux points. — L'expérience a montré que pour relier électriquement deux stations A et B, il suffit d'un seul fil, à la condition qu'à la station A le pôle de la pile qui n'est pas relié au fil de ligne, et à la station B l'extrémité du fil de ligne lui-même, communiquent à de larges plaques de cuivre enfouies dans un sol suffisamment conducteur. Les choses se passent *comme si* la terre servait de fil de *retour*. On trouve à cette disposition un double avantage : une économie d'argent, le fil de ligne étant toujours la partie coûteuse de l'installation et une réduction de moitié dans la résistance du circuit, une *bonne terre* ne présentant jamais qu'une résistance insignifiante.

Un même fil suffit d'ailleurs aux transmissions dans les deux sens. Il suffit que chaque station ait sa pile P, son *transmetteur* T c'est-à-dire un appareil qui permette d'établir ou d'interrompre le courant à volonté et son *récepteur* R, c'est-à-dire un appareil pouvant être mis en action par le passage du courant (*fig.* 121). La figure s'explique d'elle-même. Le récepteur peut être placé en R ou en R'. Dans le second cas, les deux récepteurs fonctionnent toujours en même temps, ce

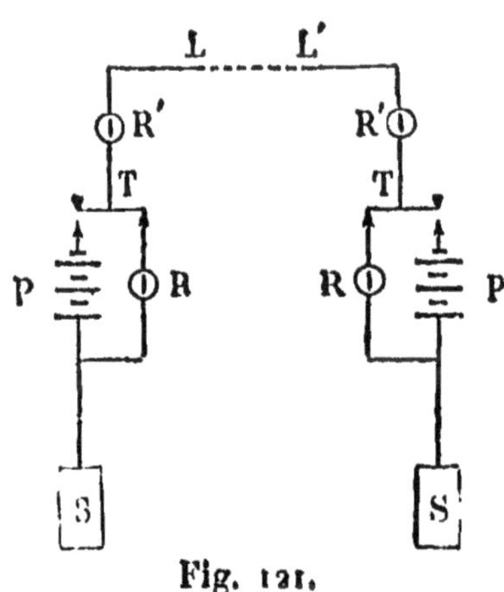

Fig. 121.

qui donne au départ un contrôle permanent des signaux envoyés.

150. Lignes aériennes. — Le fil ordinairement employé pour les lignes aériennes est un fil de fer galvanisé de 4 millimètres de diamètre. Sa résistance est de 10 ohms environ et sa capacité électrostatique de 0,01 microfarad par kilomètre. On emploie aussi des fils en bronze dont la résistance est beaucoup moindre; ces derniers sont les seuls utilisés dans les transmissions téléphoniques.

Fig. 122.

Comme le fil est dans un milieu absolument dépourvu de conductibilité (4), il suffit qu'il soit isolé aux points de suspension. On emploie généralement des isolateurs en porcelaine. Les supports donnent des pertes variables avec l'état de l'atmosphère.

151. Lignes souterraines ou sous-marines. — Dans les lignes souterraines ou sous-marines, où le fil est en contact avec un milieu conducteur, une enveloppe isolante est nécessaire. Le fil conducteur, l'*âme* du câble, est formé d'un toron de fils de cuivre C, entouré de plusieurs couches de gutta-percha G, puis d'une couche de jute et enfin d'une armature de fils de fer F recouverts de chanvre (*fig.* 123). Le fil constitue ainsi dans son ensemble un condensateur dont la capacité est considérable.

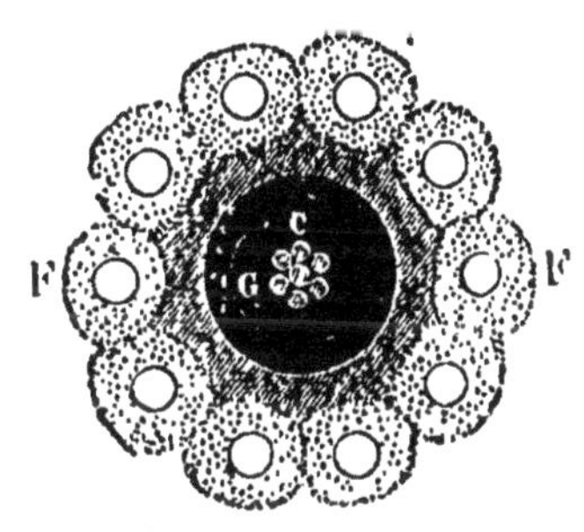

Fig. 123.

152. Appareils de transmission. — Sonneries. — Tous ces appareils utilisent les électroaimants. Nous décrirons quelques-uns des plus employés, en commençant par la *sonnerie*.

La disposition est celle que nous avons déjà rencontrée dans l'interrupteur de la bobine de Ruhmkorff. Un morceau de fer doux L (*fig.* 124) est maintenu par un ressort D devant un électroaimant. Dans sa position de

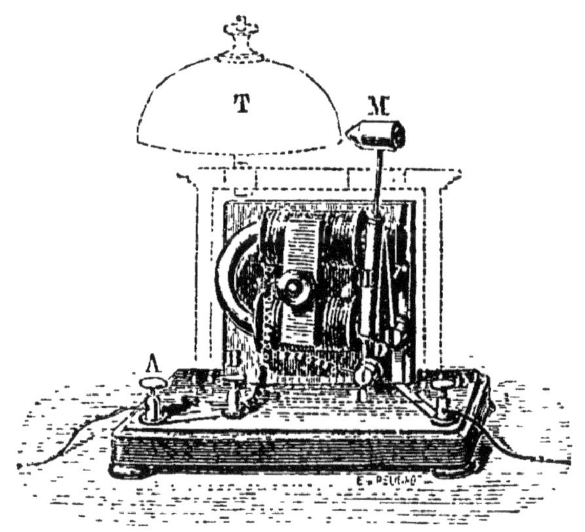

Fig. 124.

repos il appuie contre le contact *r*. Le circuit comprenant le fil de l'électroaimant est ainsi fermé entre les deux bornes A et E. Si le courant passe, l'électroaimant devenu un aimant attire la pièce de fer doux L qui cesse de toucher le contact *r*; mais alors le courant est interrompu, le contact se rétablit entre L et *r*, et ainsi de suite. Cette disposition est connue sous le nom de *trembleur*.

153. Appareil Morse. — La pièce essentielle du récepteur Morse est un levier horizontal AB (*fig.* 125); l'extrémité A porte une pièce de fer doux soumise à l'action d'un électroaimant en communication avec la ligne et qui l'attire chaque fois que le courant passe; l'extrémité B vient alors appuyer contre une bande de

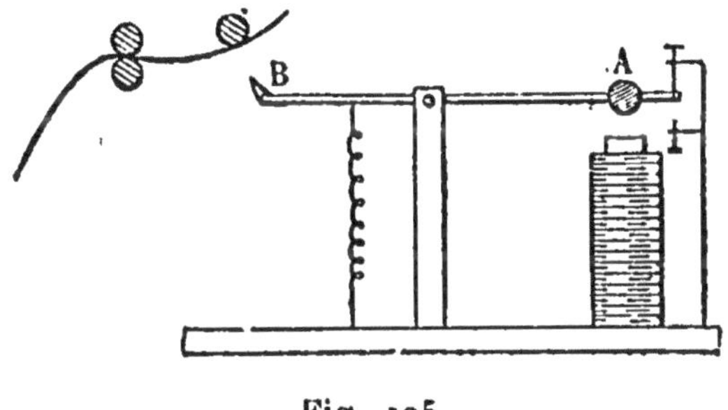

Fig. 125.

papier que déroule un mouvement d'horlogerie et y trace des lignes ou des points suivant la durée de l'attraction. Un mouvement d'horlogerie met en mouvement le cylindre *a*. Celui-ci forme avec le cylindre *b* un laminoir qui entraîne la feuille de papier. L'extrémité du levier appuie la bande

Fig. 126.

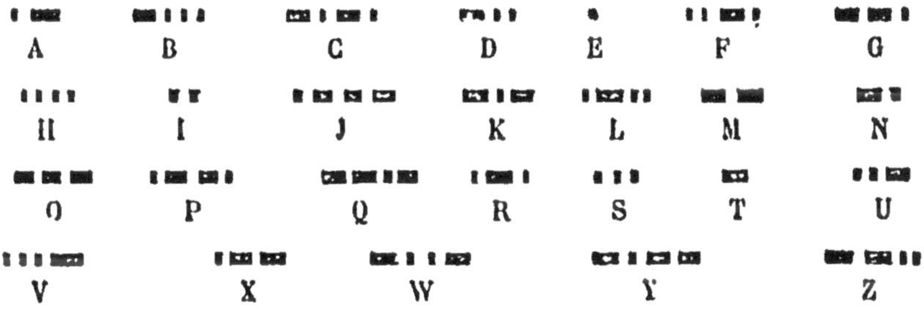

A	B	C	D	E	F	G
H	I	J	K	L	M	N
O	P	Q	R	S	T	U
V	X	W	Y	Z		

Fig. 127.

contre une petite molette *m* couverte d'encre sur sa circonférence.

Le manipulateur est une simple clef qui met la ligne en communication avec la pile, chaque fois qu'on l'abaisse (*fig.* 126).

Les différentes lettres de l'alphabet sont représentées par des combinaisons de points et de lignes, le nombre des signes variant de 1 à 4 pour chaque lettre et étant en raison inverse de la fréquence de la lettre (*fig.* 127).

154. Appareil Hughes. — Dans le récepteur Hughes, l'organe principal est une petite roue, appelée *roue des types*, sur le contour de laquelle sont gravées en relief les vingt-cinq lettres de l'alphabet; un espace vide est compris entre Z et A. Les lettres sont toujours imprégnées d'encre grasse.

La roue tourne autour de son axe d'un mouvement uniforme de manière à faire un ou deux tours par seconde. Chaque fois qu'un électroaimant agit, une bande de papier vient s'appliquer vivement contre la lettre qui occupe la position inférieure et en prend l'empreinte sans l'arrêter; en retombant, la feuille de papier avance de l'épaisseur d'une lettre, de manière que la suivante s'imprime à la suite de la première. Pour écrire un mot, il suffit donc de faire agir l'électroaimant aux instants convenables pour saisir, à leur passage, les différentes lettres qui le composent.

Le manipulateur est une table horizontale sur laquelle vingt-six trous, placés sur une circonférence et correspondant aux lettres de l'alphabet, peuvent livrer passage à de petites tiges verticales ou *goujons* qu'on soulève à volonté, légèrement au-dessus du plan, en appuyant sur la touche correspondante d'un clavier. Un chariot tourne d'un mouvement uniforme au-dessus des trous et chaque fois qu'il rencontre un goujon qui déborde, un courant est lancé dans la ligne et vient agir sur l'électroaimant du récepteur. Il suffit donc, pour la transmission, qu'il y ait synchronisme parfait entre le chariot et la roue des types, autrement dit, que les deux appareils aient même vitesse de rotation et même phase, eu égard au temps de la transmission.

Si ce résultat est obtenu et qu'au manipulateur on frappe plusieurs fois consécutivement sur la lettre A par exemple, cette même lettre s'imprimera un nombre égal de fois au récepteur. Supposons qu'à l'arrivée, au lieu de la lettre A, on voie s'imprimer successivement les lettres M, N, O, P, Q,...; la vitesse de rotation n'est pas la même, celle de la roue des types est trop grande de 1/26e; on modère sa vitesse jusqu'à ce qu'on reçoive toujours une même lettre, R par exemple. Il n'y a plus alors qu'à corriger la phase, de manière à recevoir la lettre A. Un mécanisme simple permet de faire ces deux corrections d'une manière indépendante et sans l'intervention du poste expéditeur.

La transmission est plus rapide qu'avec le Morse, puisqu'il suffit pour chaque lettre d'une seule émission de courant.

155. Siphon recorder. — Ces appareils ne peuvent être employés dans la télégraphie sous-marine. La grande capacité des câbles qui se chargent ou se déchargent à chaque signal rend les communications beaucoup trop lentes. On emploie comme récepteur un appareil imaginé par W. Thomson et qu'on appelle le *siphon recorder*, parce que la dépêche est inscrite sur la bande de papier par un petit siphon en verre rempli d'encre. Il se compose d'un cadre rectangulaire très mobile *s* (*fig.* 128) placé dans le champ compris entre les branches A et B d'un fort électroaimant et une pièce fixe de fer doux *f*. Le cadre est soutenu par une suspension bifilaire; il tend à tourner dans un sens ou dans l'autre, suivant le sens du courant qui le traverse; ses mouvements sont très brusques et très nets. Il entraîne avec lui un tube de verre très fin en forme de siphon *c*, dont une extrémité plonge dans un réservoir d'encre et dont l'autre est très voisine d'une bande de papier déroulée par un mouvement d'horlogerie. Pour éviter le frottement du siphon sur le papier, l'encre est électrisée par une petite machine électrique et crachée sur le papier par suite de la répulsion électrique. L'alphabet est l'alphabet Morse dans lequel un point est représenté par un impulsion à droite, une ligne par une impulsion à gauche.

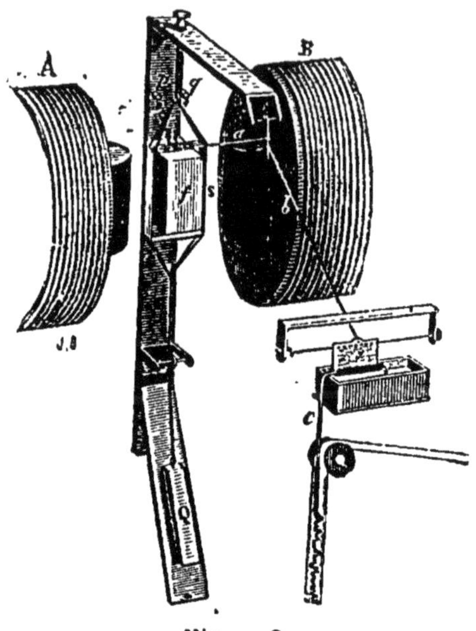

Fig. 128.

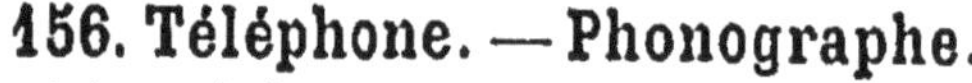

156. Téléphone. — Phonographe. — L'expérience de tous les jours montre que les vibrations sonores qui se propagent dans l'air peuvent se transmettre à un milieu solide et que celui-ci peut à son tour restituer à l'air, sous leur forme primitive, les vibrations qu'il a reçues. C'est ainsi que la parole peut être transmise très distinctement et sans altération à travers un mur.

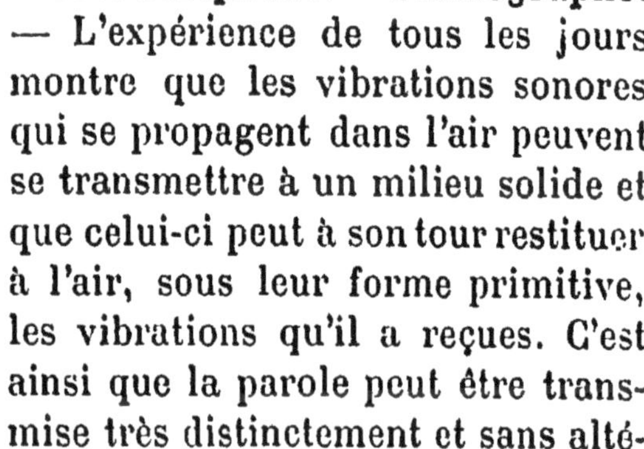

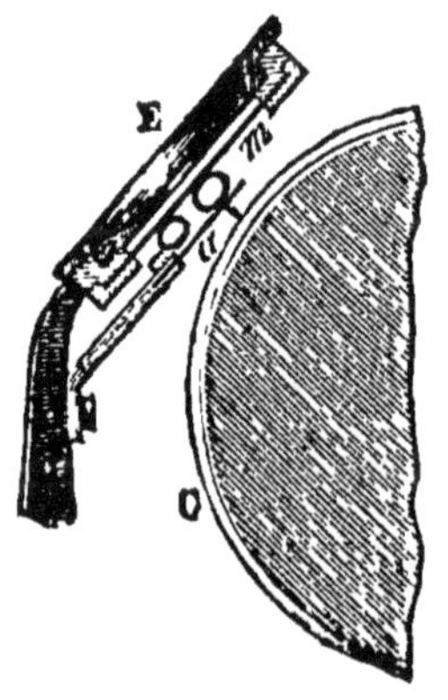

Fig. 129.

Quand le milieu solide a la forme d'une lame suffisamment mince, les vibrations produisent des déplacements très sensibles de la surface. C'est ce que met bien en évidence le phonographe d'Edison (*fig.* 129) : la plaque vibrante *m* porte un style, qui inscrit tous ses mouvements sur une feuille d'étain mobile, ou mieux sur un cylindre de cire; en faisant repasser l'extrémité du style par les mêmes traces, on force la lame à répéter tous ses mouvements antérieurs, et à rendre à l'air, à l'intensité près, les vibrations qui avaient produit ces mêmes mouvements.

157. Téléphone de Bell. — Dans le téléphone de Bell, une plaque mince en fer M (*fig.* 130) est placée à une petite distance en avant d'un barreau aimanté A

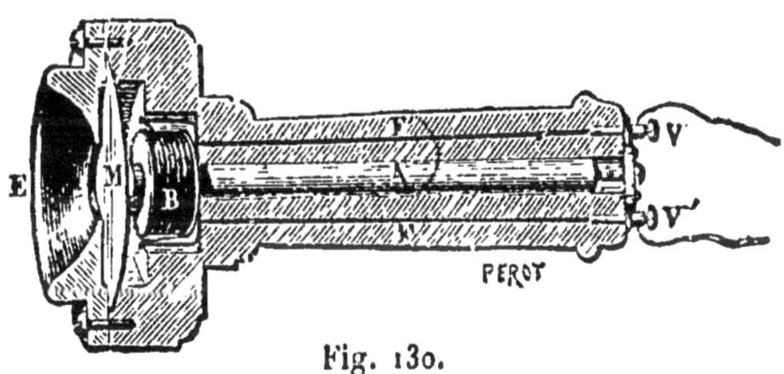

Fig. 130.

dont l'extrémité est entourée d'une bobine de fil fin B. Tout mouvement de la plaque modifiant l'aimantation du barreau, fait varier le flux qui traverse la petite bobine ; les courants induits qui en résultent vont passer dans la bobine d'un appareil identique au premier, modifient l'aimantation du barreau correspondant et déterminent dans la plaque des mouvements identiques, à l'intensité près, à ceux de la première.

Le système est parfaitement symétrique, par suite reversible. En réalité, les deux appareils transmetteur et récepteur constituent deux machines à courants alternatifs identiques, dont la première fonctionne comme génératrice, la seconde comme réceptrice ; la période varie d'un instant à l'autre, mais est identique pour les deux à chaque instant.

158. Microphone. — Les courants mis en jeu dans le téléphone de Bell sont extrêmement faibles, ils ne dépassent guère quelques cent millièmes d'ampère. On a beaucoup amélioré la transmission en substituant aux courants induits le courant d'une pile. C'est ce qu'on réalise au moyen du microphone d'Hughes.

Un crayon de charbon A, taillé en pointe (*fig.* 131), est en contact avec deux pièces de charbon, C et C′, fixées à une planchette MN. Le charbon fait partie d'un circuit formé par la pile V, le fil de ligne et le téléphone récepteur. Sous l'action du courant permanent le téléphone ne parle pas, mais tout déplacement imprimé au charbon, changeant la résistance du circuit et modifiant l'intensité, entraîne un déplacement de la lame du téléphone. L'expérience montre qu'en parlant devant l'instrument, les vibrations communiquées à la planchette et par celle-ci au charbon sont transmises par le courant à la lame téléphonique de manière à reproduire la parole avec la plus grande netteté.

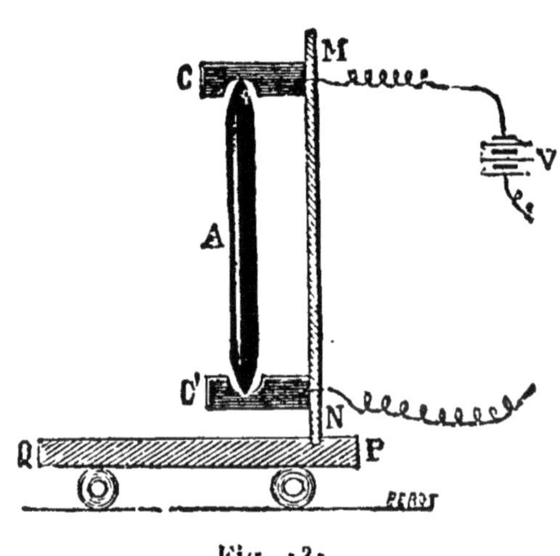

Fig. 131.

CHAPITRE XXI

MESURES ÉLECTRIQUES.

159. Galvanomètre. — Le galvanomètre est l'instrument par excellence des mesures électriques.

Il se compose essentiellement d'un cadre vertical sur lequel est enroulé le fil traversé par le courant, et d'une

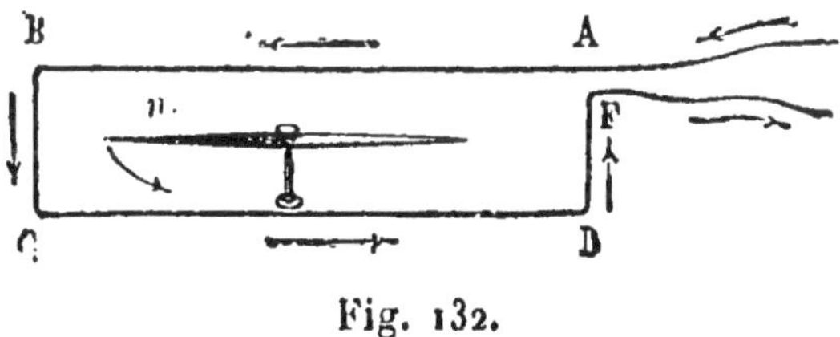

Fig. 132.

aiguille aimantée, suspendue horizontalement, placée au centre (*fig.* 132).

Le plan du cadre est mis en coïncidence avec le méridien magnétique et contient, par suite, l'aiguille dans sa position d'équilibre. Le champ terrestre et celui du courant, dans sa partie moyenne, sont alors rectangulaires.

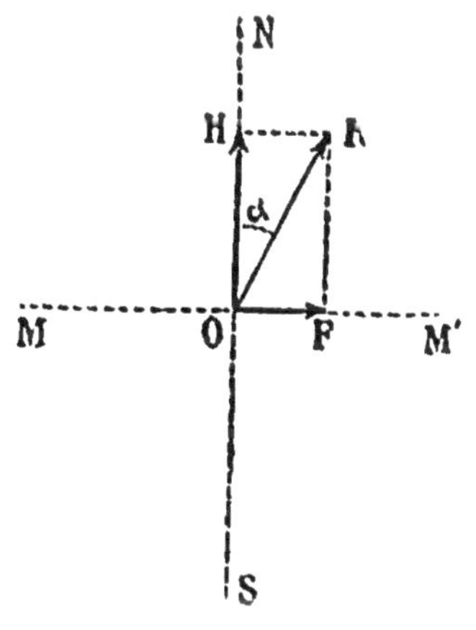

Fig. 133.

Si l'aiguille est assez courte et la déviation assez petite pour que l'aiguille ne sorte pas de cette partie moyenne, elle se trouve soumise à l'action de deux champs uniformes rectangulaires et prend la direction de leur résultante (*fig.* 133). Soit H la composante horizontale terrestre, G l'intensité du champ du cadre pour l'unité du courant, pour le courant I, cette intensité sera $F = GI$; la direction de la résultante R fera avec la position d'équilibre un angle α tel que

$$\text{tang}\,\alpha = \frac{G}{H} I;$$

La tangente de la déviation est proportionnelle à l'intensité du courant. Mais si les angles sont petits, et dans la pratique ils ne dépassent pas 5°, la tangente se confond avec l'angle, et par suite l'intensité est proportionnelle à la déviation. Il suffira dès lors de connaître la déviation correspondant à une intensité donnée.

Pour mesurer ces angles très petits on emploie la méthode du miroir (**30**).

160. Sensibilité du galvanomètre. — La sensibilité sera d'autant plus grande que, pour une intensité donnée, la déviation sera plus grande ; elle est donc mesurée par le rapport $\frac{G}{H}$ et par suite d'autant plus grande que G est plus grand et H plus petit.

G dépend de la forme des spires et de leur nombre ; on les rapproche autant que possible de l'aiguille. On ne peut augmenter leur nombre qu'en diminuant le diamètre du fil et en augmentant sa longueur, c'est-à-dire en augmentant la résistance du cadre.

161. Aimant compensateur. — Deux procédés peuvent être employés séparément ou simultanément pour diminuer la valeur de H.

On peut compenser l'action de la terre par celle d'un aimant produisant, au lieu occupé par l'aiguille, un champ sensiblement uniforme et de sens contraire au champ terrestre. Cet aimant appelé *aimant compensateur* ou *correcteur*, est ordinairement porté par une tige surmontant le cadre (*fig.* 134); une vis de pression permet de le fixer sur cette tige à une hauteur quelconque, et une vis tangente fait tourner la tige elle-même, avec l'aimant, autour de son axe. On donne ordinairement à l'aimant la forme d'un arc de cercle pour qu'on puisse au besoin amener ses pôles sur le prolongement de l'aiguille.

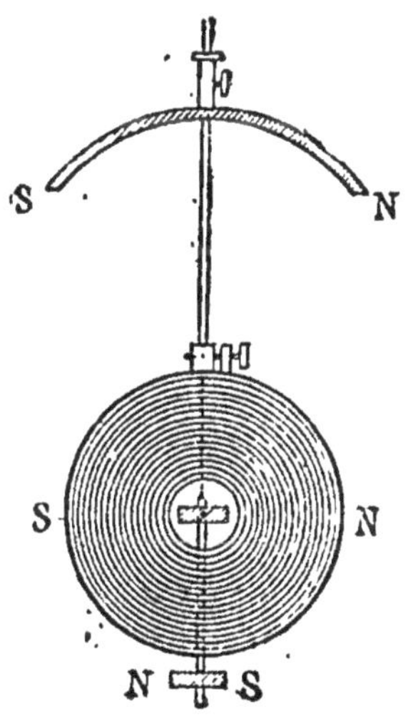

Fig. 134.

162. Aiguilles astatiques. — Le second procédé consiste à employer un système d'aiguilles astatiques, c'est-à-dire un système de deux aiguilles de moments presque égaux, fixées parallèlement l'une à l'autre, mais en sens contraires à un même support, de manière qu'elles ne puissent tourner l'une sans l'autre. L'action de la terre sur le système peut ainsi être réduite à volonté; on place dans l'intérieur du cadre une seule des aiguilles en laissant l'autre à l'extérieur (*fig.* 134). L'expérience montre que l'action du cadre sur cette dernière est de même sens que l'action principale.

Mais on obtient un appareil plus symétrique et une action plus énergique en employant deux cadres superposés (*fig.* 135), et plaçant au milieu de chacun d'eux une des aiguilles du système astatique. Si le courant passe en sens contraire dans les deux bobines, les actions sont évidemment concordantes.

163. Amortissement. — L'aiguille oscillerait longtemps avant de se fixer à sa position d'équilibre et les expériences seraient très longues, si l'on ne prenait des dispositions spéciales pour *amortir* les oscillations. On y arrive soit en augmentant la résistance de l'air par l'addition de palettes très légères fixées au support des aiguilles et oscillant avec lui, soit en favorisant la production des courants d'induction développés par le mouvement de l'aimant dans les conducteurs qui l'entourent, courants qui, en vertu de la loi de Lenz tendent à s'opposer à son mouvement (**133**) ; par exemple on prend comme noyau de la bobine un cylindre en cuivre rouge.

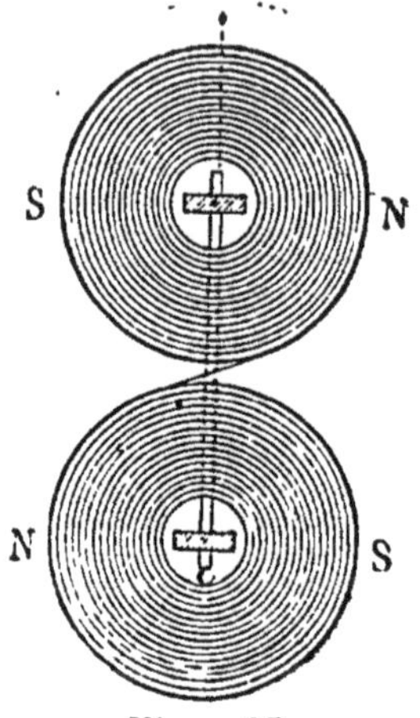

Fig. 135.

164. Galvanomètre Deprez-d'Arsonval. — Une autre forme de galvanomètre très employée aujourd'hui est le galvanomètre Deprez-d'Arsonval. La disposition est celle du siphon recorder (**155**). Un cadre rectangulaire (*fig.* 136) mobile autour d'un axe formé par deux fils métalliques qui servent à amener le courant, est placé dans le champ compris entre les deux branches d'un aimant en fer à cheval et un cylindre creux de fer doux, maintenu par un support indépendant et qui s'aimante par influence. La forme de ce champ est donnée par la figure 113. Quand le courant passe, le plan du cadre tend à se placer perpendiculairement au champ (**122**) ;

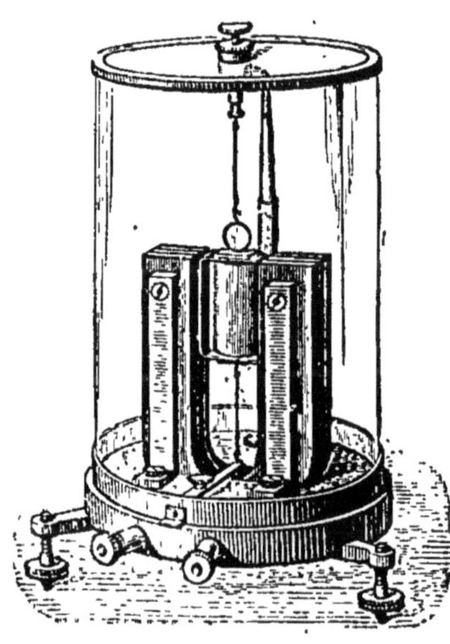
Fig. 136.

un équilibre s'établit entre l'action électromagnétique et la torsion du fil. L'amortissement est produit par les courants d'induction dus aux mouvements du cadre dans le champ, et comme celui-ci est très intense, les oscillations s'éteignent rapidement lorsque la résistance du circuit est faible.

165. Shunts. — On étend beaucoup les limites dans lesquelles peut servir un galvanomètre par l'emploi des *shunts*. On désigne sous ce nom une dérivation prise sur les bornes du galvanomètre et qui permet de ne faire passer dans le cadre qu'une fraction connue du courant.

Soit g la résistance du galvanomètre, s celle du shunt, I le courant total, enfin i celui qui passe dans le galvanomètre et produit la déviation observée; on a, d'après la loi des courants dérivés (66):

$$gi = s(I - i) \quad \text{ou} \quad I = \frac{g+s}{s} i.$$

Le facteur $\frac{g+s}{s} = m$ par lequel il faut multiplier le courant observé pour avoir la valeur du courant principal, est appelé le *pouvoir multiplicateur* du shunt. Les galvanomètres sont ordinairement munis de trois shunts ayant respectivement pour pouvoirs multiplicateurs, 10, 100, 1000, et dont les résistances sont par suite $\frac{1}{9}$, $\frac{1}{99}$ et $\frac{1}{999}$ de celle du galvanomètre.

Le fil du galvanomètre étant attaché aux bornes G et G′ et ceux de la pile, soit aux mêmes bornes, soit à d'autres bornes P et P′ (*fig.* 137), il suffit de boucher avec une cheville métallique l'un des trous A, B ou C, pour introduire la dérivation correspondante. Quand on met la cheville en O, le galvanomètre est fermé sur lui-même; c'est la position de sûreté.

166. Emplois du galvanomètre. — Le galvanomètre peut se prêter à des mesures variées dont nous indiquerons les principales.

Mesure d'une intensité constante. — On fait passer le courant à mesurer dans le fil du galvanomètre, en utilisant au besoin les shunts. Il faut que le galvanomètre n'introduise dans le circuit qu'une résistance faible et que par suite son fil soit gros et court. Les instruments de ce genre sont désignés dans l'industrie sous le nom d'*ampèremètres.* En général, les déviations sont proportionnelles aux intensités et pour tarer l'instrument, c'est-à-dire connaître le nombre d'ampères qui correspond à une déviation, il suffit de faire passer un courant simultanément dans le cadre et dans un voltamètre ou une cuve électrolytique (**78**). Connaissant le volume d'hydrogène ou le poids du cuivre ou d'argent mis en liberté dans une seconde, on aura l'intensité qui correspond à la déviation observée et on en déduira la valeur d'une division (**107**).

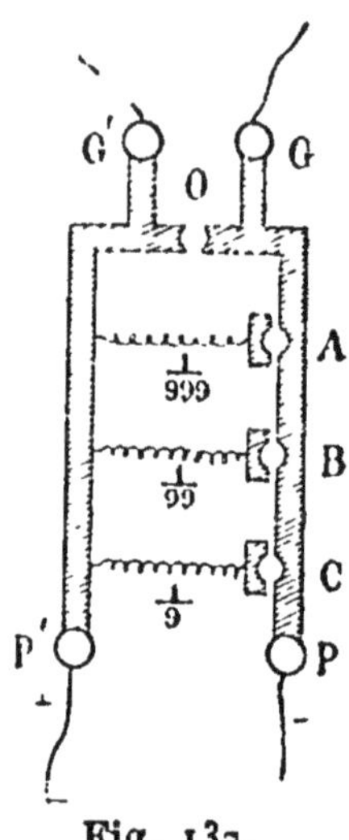

Fig. 137.

167. Mesure d'une quantité d'électricité. — Quand une décharge traverse le galvanomètre, l'aiguille est lancée hors de sa position d'équilibre, et après avoir fourni un certain arc d'impulsion, y revient par une suite d'oscillations. Si la décharge est terminée avant que l'aiguille ait eu le temps de se déplacer d'une manière sensible, l'arc d'impulsion α mesure la quantité d'électricité m mise en mouvement. En désignant par k une constante dépendant du galvanomètre, on a

$$\alpha = km.$$

le galvanomètre prend dans ce cas le nom de *galvanomètre balistique*. Un galvanomètre balistique ne doit avoir qu'un faible amortissement.

Pour tarer l'instrument il faut connaître l'arc d'impulsion correspondant à une décharge connue. On mettra l'instrument en communication avec un cadre de surface connue qu'on fera tourner brusquement face pour face dans un champ connu, par exemple le champ terrestre. Nous avons vu (**134**) qu'on a dans ce cas

$$m = \frac{2\,SZ}{10^8 R}$$

Réciproquement, c'est au moyen du galvanomètre balistique qu'on mesure le flux d'induction qui traverse une surface donnée (**92**). Le cadre qui limite la surface considérée étant en communication avec le galvanomètre, on supprime le flux ou on le renverse, ou encore on fait tourner le cadre de 90° ou on le retourne face pour face : on a, par l'arc d'impulsion, la valeur de m on en déduit la valeur du flux considéré.

Le même instrument permettra de déterminer la capacité d'un condensateur, en mesurant la charge qu'il a reçue quand il a été porté à un potentiel donné, et, réciproquement, la capacité étant connue, le potentiel auquel il a été porté.

168. Mesure d'une force électromotrice. — Pour cet emploi, le galvanomètre doit avoir une résistance considérable, de plusieurs milliers d'ohms ; on lui donne dans l'industrie le nom de *voltmètre*. Mettons les bornes du galvanomètre en communication avec les pôles d'un élément Daniell, par exemple : Soit g la résistance du galvanomètre, e la force électromotrice du couple, r sa résistance intérieure.

On a

$$i = \frac{e}{g+r}$$

et la différence de potentiel, e', entre les pôles est (65)

$$e' = e\frac{g}{g+r} = e\frac{1}{1+\frac{r}{g}}$$

Si r est une quantité négligeable devant g, les formules se réduisent à

$$i = \frac{e}{g} \qquad \text{et} \qquad e' = e.$$

la déviation est proportionnelle à la force électromotrice et il suffira de connaître une fois pour toutes la déviation correspondant à 1 volt.

Le voltmètre donne une méthode simple pour trouver l'intensité d'un courant intense. On prend sur le circuit deux points A et B séparés par une résistance connue R et on les joint au galvanomètre. Celui-ci donne immédiatement la différence de potentiel e qui existe entre les deux points (65) et on tire l'intensité I de la formule

$$IR = e.$$

169. Mesures des résistances. — On mesure une résistance, en la comparant, au moyen d'un courant, à une résistance connue. Il est impossible de comparer deux résistances sans y faire passer un courant, pas plus qu'on ne peut comparer deux masses sans les soumettre à l'action d'une force, la pesanteur, par exemple.

L'unité de résistance est définie comme étant la résistance d'une colonne de mercure à 0° ayant un millimètre carré de section et 106,3 centimètres de longueur. La réalisation de l'étalon se réduit à une simple opération mécanique, le calibrage d'un tube, et à une pesée, celle du mercure à zéro qu'il contient. On en fait des copies, soit en mercure (*fig.* 138) soit en maillechort ;

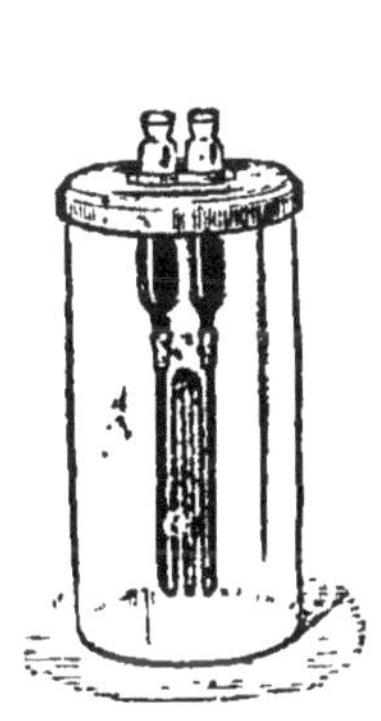

Fig. 138.

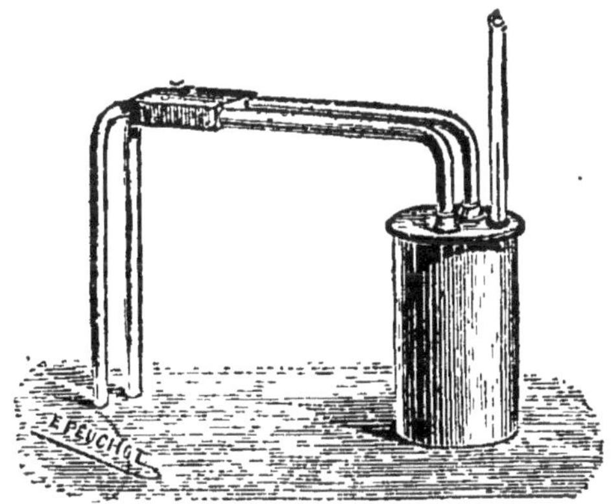

Fig. 139.

le fil contourné en spirale est noyé dans la paraffine et renfermé dans une boîte (*fig.* 139). Ces copies ont la valeur marquée, à une température déterminée. La variation de la résistance du mercure dans un tube de verre est donnée par la formule

$$R = R_0(1 + 0,0008649t + 0,00000112t^2);$$

celle du maillechort par la formule

$$R = R_0(1 + 0,00044t).$$

Un thermomètre renfermé dans la boîte qui contient le fil fait connaître la température.

170. Boîtes de résistances. — Il est nécessaire d'avoir à sa disposition une série de résistances dont les valeurs croissent d'une manière régulière. Elles sont formée ordinairement de bobines placées dans une même boît et munies de clefs qui permettent de les introduire volonté dans un circuit.

Pour éviter les effets d'induction, le fil est enroul après avoir été replié sur lui-même. Il doit être par faitement isolé. Les deu extrémités d'une même bc bine aboutissent à deu masses de cuivre A et (*fig.* 140), présentant entr elles un intervalle qui peu être fermé par une che ville. Quand la cheville es en place, la résistance es nulle, celle de la barre étant négligeable. Il suffit d l'enlever pour introduire dans le circuit la bobine cor

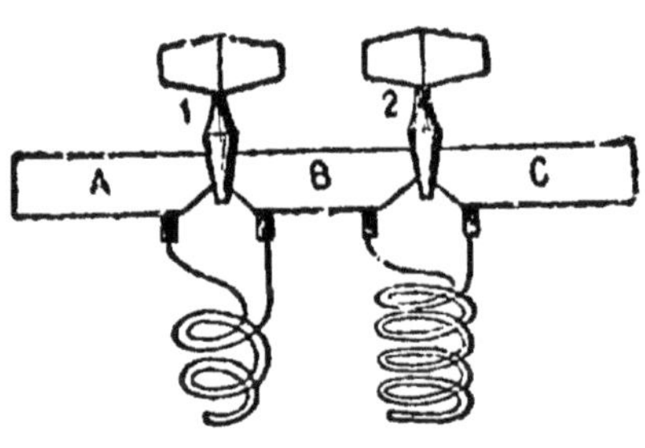

Fig. 140.

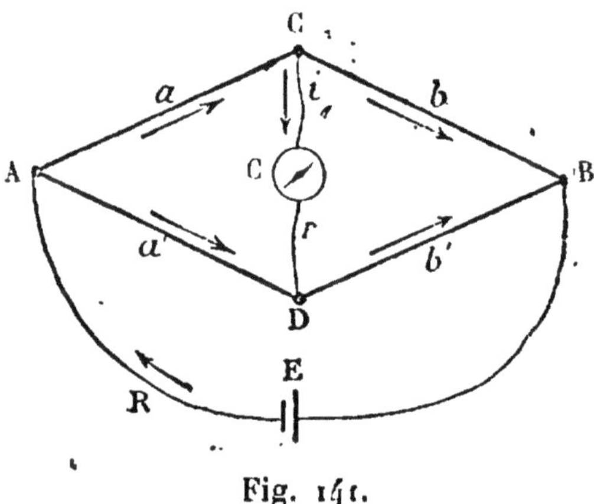

Fig. 141.

respondante. Les boîtes de résistances sont disposée comme les boîtes de poids, de manière à donne tous les nombres entiers depuis 1 jusqu'à 10 000, pa exemple. Elles sont justes pour une température déterm née; une correction est nécessaire pour les autres (**169**)

171. Pont de Wheatstone. — La méthode de comparaison la plus employée est celle du pont de Wheatstone. Elle répond au problème suivant :

Un courant étant bifurqué entre deux points A et B (fig. 141) on demande de jeter entre les deux dérivations un *pont* CD, tel qu'aucun courant ne passe par ce pont.

Il faut et il suffit que les deux points C et D soient au même potentiel.

Or si on appelle a, a', b et b', les résistances des quatre branches AC, AD, CB, DB, V le potentiel du point A, V' celui du point B, la chute de potentiel de A en C a pour valeur (65)

$$(V-V')\frac{a}{a+b},$$

et de A en D

$$(V-V')\frac{a'}{a'+b'};$$

on doit donc avoir

$$\frac{a}{a+b}=\frac{a'}{a'+b'},$$

et par suite :

$$\frac{a}{a'}=\frac{b}{b'} \quad \text{ou} \quad ab'=a'b;$$

autrement dit les résistances des quatre branches du *parallélogramme* doivent former une proportion.

Cette disposition donne un procédé très simple pour comparer deux résistances b et b', puisque lorsqu'il n'y a pas de courant dans le point CD, leur rapport est celui des deux résistances a et a' choisies à volonté.

Supposons les quatre branches du parallélogramme formées de barres métalliques elles-mêmes sans résistance appréciable, mais permettant d'insérer telle résistance qu'on désire (*fig.* 142).

Soit b la résistance à mesurer, b' la résistance étalonnée qu'on lui compare et qu'on ajuste de manière à établir l'équilibre, a et a' des résistances arbitraires. Si on prend $a=a'$, on a aussi $b=b'$; mais il suffit d'éta-

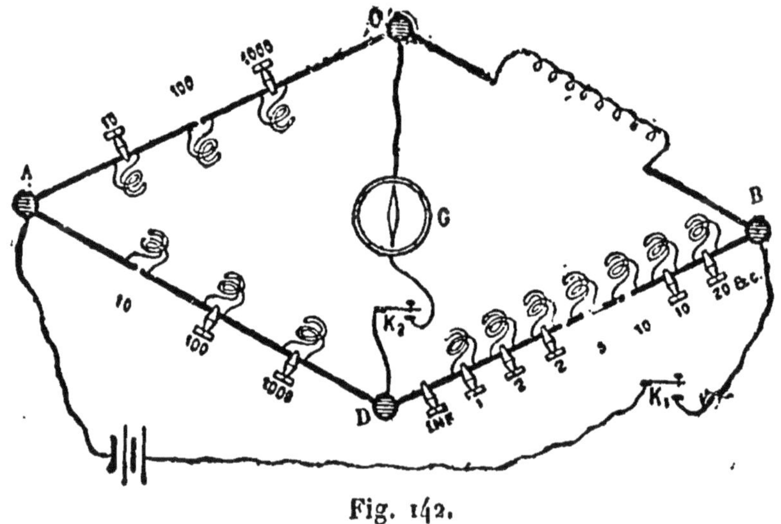

Fig. 142.

blir tel rapport qu'on voudra entre les branches a et a', pour que les conditions d'équilibre correspondent au même rapport dans les branches b et b'.

Les branches a et a' comprennent des résistances égales deux à deux et égales à 10, 100, 1000. Dans la figure 142, le rapport établi entre les deux branches est celui de 100 à 10 ou 10 à 1, et comme la résistance b' est égale à 15 ohms, la résistance mesurée est de 150 ohms.

Grâce à cet artifice, une boîte allant de 1 à 10 000 ohms, suffit pour la mesure de toutes les résistances de 0,01 à 1 000 000.

CHAPITRE XXII

ÉLECTRICITÉ ATMOSPHÉRIQUE.

172. Potentiel en un point de l'air. — L'atmosphère terrestre donne lieu à des manifestations électriques de plusieurs ordres, les unes pour ainsi dire permanentes et qui se traduisent par des variations de potentiel aux différents points, les autres accidentelles comme les aurores boréales et les orages.

L'expérience montre que, dans un lieu découvert, le potentiel en un point de l'air diffère toujours de celui du sol. Pour le constater il suffit de placer au point considéré une pointe faisant partie d'un conducteur isolé. Si la pointe est parfaite, l'équilibre ne peut exister tant que la pointe et par suite le conducteur dont elle fait partie, sont à un potentiel différent de celui de l'air au voisinage de la pointe (11).

Nous avons vu comment un appareil à écoulement (30, *fig.* 21) permet de réaliser une pointe parfaite, et prend rapidement le potentiel du point où s'effectue la séparation entre le conducteur et les particules qui s'en détachent.

Le réservoir isolé est mis en communication avec un électromètre dont la déviation donne la mesure du potentiel au point A. En employant un appareil à miroir et faisant tomber l'image sur un papier photographique qui se déroule d'une manière régulière, on peut obtenir l'enregistrement continu des indications de l'instrument.

On trouve ainsi que, par un temps *serein*, le potentiel en un point quelconque de l'air extérieur est toujours *positif*; que sa valeur augmente avec la hauteur du point au-dessus du sol et à peu près proportionnellement;

mais, qu'en un même point, il se produit des variations brusques et parfois considérables d'un instant à l'autre.

Les résultats sont tellement variables qu'il est difficile de donner des nombres. Dans un lieu découvert, en plaine par exemple, la variation du potentiel avec la hauteur est le plus souvent comprise entre 10 et 1000 volts par mètre ; mais elle est parfois beaucoup plus grande.

Le potentiel croît à partir du sol avec une rapidité très différente, suivant qu'on est dans une plaine, sur une éminence, ou dans un creux. Si on traçait à un moment donné les surfaces qui correspondent à des valeurs égales et équidistantes du potentiel, surfaces qu'on appelle surfaces de niveau, on les verrait former des plans horizontaux équidistants au-dessus d'une plaine, suivre les accidents de terrain en se rapprochant les unes des autres dans les parties proéminentes, en s'éloignant, au contraire, dans les parties encaissées comme une cour ou une rue. A mesure qu'on s'élève, l'effet dû aux inégalités du sol disparaît, et, à partir d'une certaine hauteur, les surfaces de niveau sont des plans horizontaux.

En somme, les choses se passent au voisinage du sol comme au voisinage d'un conducteur électrisé en équilibre, et électrisé négativement.

Le potentiel de l'air n'est cependant pas toujours positif; par les temps couverts, surtout par la pluie, on trouve le potentiel de l'air négatif et par suite le sol positif. Mais c'est un fait qu'on peut considérer comme accidentel et purement local, et l'hypothèse la plus probable est que le globe terrestre est un conducteur chargé d'électricité négative.

173. Aurores polaires. — Dans les régions polaires, l'aurore boréale se montre pour ainsi dire chaque nuit d'hiver. Ses formes sont extrêmement variées et nous ne nous arrêterons pas à les décrire. Ce qu'il y a de certain, c'est que l'aurore polaire est un phénomène électrique. C'est une décharge dans l'air raréfié, tout à fait analogue à celle qui se produit dans les tubes de Geissler (45). La décharge, autrement dit l'écoulement de l'électricité positive, paraît se faire des régions supérieures vers le sol. Ce phénomène se produit d'ailleurs à des distances très variables : on a observé des aurores qui ne s'élevaient pas à plus de 2 kilomètres, d'autres qui dépassaient 150. La lumière de l'aurore est due, comme celle des tubes, aux substances gazeuses rendues incandescentes par la décharge. Outre les raies qu'on voit ordinairement dans les tubes où le vide a été fait sur l'air, l'analyse spectrale y montre une raie spéciale située entre le jaune et le vert ($\lambda = 5570$) et qui n'a pas été retrouvée jusqu'ici dans les expériences de laboratoire.

174. Phénomènes des orages. — C'est à Franklin que l'on doit d'avoir démontré d'une manière irrécusable, par l'emploi des conducteurs isolés armés de pointes, que les orages sont des phénomènes purement électriques. L'appareil imaginé par Franklin est une longue tige en fer terminée en pointe et soutenue par un support isolant. Si un nuage passe au-dessus de cette pointe et qu'il soit un conducteur électrisé, il agira par influence sur la pointe pour développer dans la partie inférieure de l'électricité de même signe. Et, en effet, par un temps d'orage, on constate, à chaque nuage qui passe, que la tige est chargée à sa base, tantôt d'électricité positive, tantôt d'électricité négative.

Les nuages orageux sont donc des conducteurs électrisés, les uns positivement, les autres négativement ; l'éclair n'est qu'une étincelle partant entre deux nuages chargés d'électricités contraires ; la foudre, un éclair éclatant entre le nuage et le sol ; le tonnerre, le bruit de l'étincelle.

Il est plus difficile de dire quelle est l'origine de l'électricité des nuages et aussi, quelle est la véritable constitution des nuages orageux, si ce sont des conducteurs chargé d'électricité à la surface seulement, ou des agglomérations de masses isolées ayant chacune leur charge propre.

Les photographies d'éclairs, obtenues dans ces dernières années, montrent que l'éclair lui-même est plus complexe qu'une étincelle ordinaire, et qu'il ne paraît à première vue : le trait de feu principal est toujours accompagné de nombreuses ramifications, ce qui semble bien en faveur de l'opinion que le nuage ne se comporte pas comme un conducteur continu.

175. Effets de la foudre. — Les effets de la foudre sont, toute proportion gardée, ceux d'une décharge électrique : elle échauffe les conducteurs, au point parfois de les fondre et de les volatiliser ; elle brise et disperse les corps mauvais conducteurs, tue ou paralyse les êtres vivants. Les arbres frappés par la foudre sont généralement écartelés, comme par une explosion brusque. Dans son parcours, la foudre présente souvent des bizarreries difficilement explicables, à moins qu'on n'admette que, parfois, la décharge se fait de la façon soudaine, qui a été expliquée plus haut (42). Nous avons vu combien dans ce cas, les effets de self-induction sont plus intenses, les potentiels plus élevés et les décharges latérales plus violentes[1].

176. Paratonnerres. — Aussitôt après la découverte du pouvoir des pointes, Franklin songea à les utiliser

1. Il n'est pas difficile d'imaginer des dispositions de nuages capables de donner lieu à la décharge instantanée. Le phénomène du *choc en retour*, dans lequel on voit un être vivant tomber foudroyé parce qu'un coup de foudre a éclaté dans le voisinage, pourrait bien être du même ordre que celui de l'étincelle B éclatant à la suite de l'étincelle A (42).

pour préserver les édifices des effets de la foudre. Le paratonnerre de Franklin se compose essentiellement d'une longue tige de métal, terminée en pointe à la partie supérieure, qui surmonte l'édifice qu'on veut protéger et qui communique avec le sol par une suite non interrompue de bons conducteurs. La pointe est ou une pointe fine en platine ou une pointe plus épaisse en cuivre rouge (*fig.* 143 et 144). Franklin attribue au paratonnerre un effet préventif et un effet préservatif. Sous l'influence du nuage, la pointe laisse échapper l'électricité de signe contraire, qui, portée par les molécules d'air, vient neutraliser silencieusement l'électricité du nuage; c'est l'*effet préventif*. Si le coup de foudre éclate malgré la pointe, il frappe la tige de préférence aux autres parties de l'édifice placées dans son rayon de protection, et le conducteur conduit l'électricité dans le sol sans aucun dommage : c'est l'*effet préservatif*.

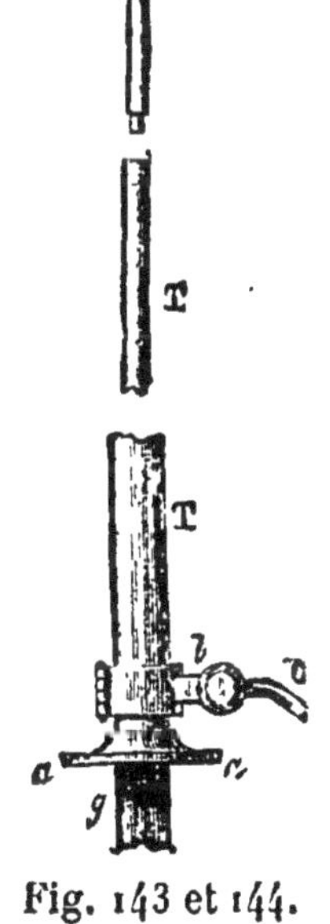

Fig. 143 et 144.

Le conducteur est ordinairement une barre ou un toron de fils de fer de 15 à 18 millimètres de diamètre; il n'y a pas d'exemple que la foudre ait jamais endommagé une tige de cette section. On fait plonger son extrémité inférieure dans l'eau d'un puits qui ne tarisse jamais. On y rattache toutes les pièces métalliques importantes de l'édifice tant intérieures qu'extérieures. On admet, mais sur des données bien arbitraires, que le paratonnerre étend sa protection sur un cercle d'un rayon égal au double de sa hauteur.

La disposition de Franklin est irréprochable tant qu'on ne considère qu'une décharge simple, mais elle n'est plus suffisante si l'on doit avoir affaire à des décharges oscillantes instantanées (42). Dans ce cas, le paratonnerre ne met plus complètement à l'abri des décharges latérales. On admet généralement qu'il n'y aurait aucun inconvénient à toucher le conducteur d'un paratonnerre frappé de la foudre; il est probable, au contraire, que, dans le cas de la décharge soudaine, on s'exposerait à un véritable danger.

Quoi qu'il en soit, l'expérience de plus d'un siècle montre que le paratonnerre de Franklin exerce une protection efficace dans la grande majorité des cas, mais il serait exagéré de dire qu'il n'a jamais failli que par un vice de construction.

177. Conditions théoriques. — Si on cherche, d'après la théorie, les conditions pour qu'une enceinte et tout ce qu'elle renferme soient à l'abri des dommages de la foudre, on arrive à cette conclusion que la surface de cette enceinte doit constituer un conducteur fermé tel qu'une chambre dont les murs, le plancher et le plafond seraient métalliques. Quelles que soient les actions extérieures, le potentiel à l'état d'équilibre sera constant pour tous les points de l'enceinte et des corps qu'elle renferme ; il n'y aura trace d'électricité sur aucun d'eux. Au moment des ruptures d'équilibre dans un coup de foudre, par exemple, il est à croire que les parois feraient écran pour les corps intérieurs et que s'il se produisait des décharges latérales, celles-ci ne présenteraient aucun danger.

Nous avons vu que, pour réaliser une surface conductrice à potentiel constant, il n'est pas nécessaire que la surface métallique soit continue, et que les conditions sont encore réalisées par un réseau à mailles très larges.

L'expérience montre que le réseau a encore la même efficacité, lors des ruptures d'équilibre. Une condition essentielle est qu'il ne pénètre dans l'intérieur aucun conducteur pouvant avoir un potentiel propre différent de celui de l'enceinte et formant une espèce d'électrode capable de donner des étincelles. Telles seraient, par exemple, des conduites d'eau ou de gaz. De pareils conducteurs doivent être mis, dès leur entrée, en communication avec l'enceinte conductrice.

178. Conclusions pratiques. — En résumé, et comme conclusion pratique, le moyen le plus sûr de préserver un édifice des dommages de la foudre, consiste à l'envelopper d'un réseau métallique en communication parfaite avec le sol. Le réseau peut être constitué simplement par du fil de fer galvanisé tel que celui qu'on emploie pour les télégraphes. On le fera courir le long du faîte, des cornières, des angles, des cheminées, etc., en évitant de lui faire faire des boucles et des angles trop aigus. Les conduites d'eau et de gaz seront en communication avec le réseau dès leur entrée, et, à l'intérieur, les tuyaux seront reliés métalliquement entre eux partout où ils viendront au voisinage l'un de l'autre (42)[1]. Le réseau extérieur sera mis en communication avec le sol par le plus grand nombre de points possibles. Toutes les parties métalliques extérieures, toitures, chêneaux, gouttières, doivent faire partie du réseau. La communication devra se faire avec la nappe aquifère souterraine, par l'intermédiaire de plaques à large surface plongeant dans l'eau d'un puits creusé ou plus simplement par l'intermédiaire de tubes de fonte enfoncés dans le sol humide

1. Nous avons vu (*fig.* 30) la décharge instantanée, au lieu de suivre le conducteur L, franchir l'intervalle B, bien que cet intervalle présente une résistance plusieurs millions de fois plus grande.

et auxquels vient se souder le conducteur. Quant aux masses métalliques intérieures, elles devront être reliées entre elles, mais, au lieu de les joindre au réseau extérieur, il y aura avantage à les mettre en communication avec le sol d'une manière indépendante. L'édifice ainsi protégé pourra être frappé de la foudre, mais n'aura rien à redouter de ses effets.

Peut-être lui épargnera-t-on quelques coups de foudre, d'ailleurs inoffensifs, en l'armant de pointes : mais, dans cette vue, on doit chercher à l'envelopper d'une atmosphère électrisée et on y réussira d'autant mieux que les pointes seront plus multipliées et disséminées dans toutes les parties.

La question capitale, et trop souvent négligée, surtout dans les installations anciennes, c'est la communication avec le sol. Un système de paratonnerre en mauvaise communication avec le sol n'est pas seulement inutile, il est dangereux.

FIN

TABLE DES MATIÈRES

CHAPITRE PREMIER

Phénomènes fondamentaux.

CHAPITRE II

Distribution de l'électricité.

CHAPITRE III

Influence électrique.

CHAPITRE IV

Potentiel électrique.

CHAPITRE V

Condensateur.

CHAPITRE VI

Effets de la décharge.

CHAPITRE VII

Machines électriques.

CHAPITRE VIII

Pile électrique.

CHAPITRE IX

Pile thermoélectrique.

CHAPITRE X

Propriétés du courant. — Loi d'Ohm.

CHAPITRE XI

Actions calorifiques du courant.

CHAPITRE XII

Actions chimiques du courant.

CHAPITRE XIII

Magnétisme. — Phénomènes fondamentaux.

CHAPITRE XIV

Magnétisme terrestre.

CHAPITRE XV

Électromagnétisme.

CHAPITRE XVI

Aimantation par les courants.

CHAPITRE XVII

Rotations électromagnétiques.

CHAPITRE XVIII

Induction.

CHAPITRE XIX

Machines fondées sur l'induction.

CHAPITRE XX

Télégraphie électrique.

CHAPITRE XXI

Mesures électriques.

CHAPITRE XXII

Électricité atmosphérique.

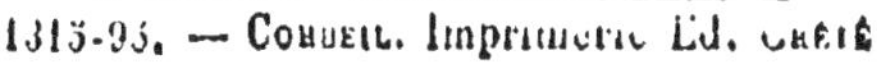

1315-95. — Corbeil. Imprimerie Ed. Crété

Librairie MASSON et Cie, 120, boulevard Saint-Germain, Paris.

Pr. n° 113

EXTRAIT DU CATALOGUE CLASSIQUE

(Rentrée Scolaire 1898)

Journal
DES
Lycées et Collèges

ORGANE D'ÉTUDES

SERVANT A LA PRÉPARATION DES EXAMENS

DE FIN D'ANNÉE, DE PASSAGE ET DU BACCALAURÉAT

DE L'ENSEIGNEMENT SECONDAIRE CLASSIQUE ET MODERNE
ET DE L'ENSEIGNEMENT SECONDAIRE DES JEUNES FILLES

Paraissant le 1er et le 15 de chaque mois

DIRECTEUR : **ALEXANDRE KELLER.**

AVEC LA COLLABORATION DE MM.

G. ARNAUD, C. H. D'AUBYN, E. BAILLY, H. BAILLY, V. GLACHANT,
A. LOMBARD, J. MALDIDIER, G. MEUNIER,
E. MONOT, E. RAYOT, A. ROOS, G. SISCO, E. WENDLING.

ABONNEMENTS :

France et Algérie . . . Un an : **10** fr. — Six mois : **5** fr.
Étranger et Colonies . . . Un an : **12** fr. — Six mois : **6** fr.

Le Numéro : 0 fr. 50

La bienveillance unanime avec laquelle parents, professeurs et élèves ont accueilli le *Journal des Lycées et Collèges* prouve que notre recueil répond à un besoin réel. Les parents, en effet, y trouvent un moyen de contrôler le travail et les progrès de leurs enfants; les élèves, une occasion d'émulation loyale; les professeurs, une source féconde de sujets à proposer, sujets dont la pénurie se fait si souvent sentir.

L'idée qui a présidé à la création du *Journal des Lycées et Collèges* à savoir, qu'il était possible d'intéresser les élèves par un travail classique présenté sous une forme spéciale, se trouve donc pleinement confirmée.

Chaque numéro du *Journal des Lycées et Collèges* comporte :

D'une part, des **sujets de littérature et de philosophie, des versions et des thèmes latins, grecs, allemands, anglais, espagnols et italiens proposés.**

D'autre part, les corrigés des devoirs proposés dans le numéro précédent, — avec notes et remarques grammaticales, philologiques historiques,... et conseils.

Il est proposé également des problèmes en harmonie avec les classes indiquées ci-dessus, problèmes dont les solutions sont données de quinzaine en quinzaine.

Le *Journal des Lycées et Collèges* publie, en outre, des études littéraires spéciales.

DEVOIRS DE VACANCES

Afin de répondre aux nombreuses demandes que parents et professeurs nous ont adressées, au sujet du travail à imposer aux jeunes gens durant les vacances scolaires, alors qu'ils sont séparés de leurs instructeurs habituels, le *Journal des Lycées et Collèges* consacrera les numéros du 1er et du 15 août, du 1er et du 15 septembre et du 1er octobre, aux devoirs de vacances pour les **classes de troisième de seconde, de rhétorique et de philosophie classiques, et pour les classes modernes correspondantes.**

Les corrigés et les commentaires que comporteront ces devoirs paraîtront de quinzaine en quinzaine, dans les quatre derniers numéros indiqués, conformément au plan suivi durant l'année scolaire.

Tous les abonnés d'un an ou de six mois auront droit à ces numéros sans augmentation de prix.

Un abonnement spécial aux cinq numéros des vacances sera reçu au prix de 3 fr. 50.

Les corrigés des devoirs paraissant de quinzaine en quinzaine, il **sera très facile aux parents de contrôler le travail de leurs enfants, et de juger ou des progrès réalisés, ou des efforts qu'il leur reste à faire.** Les professeurs et précepteurs trouveront de leur côté, les éléments nécessaires aux études des jeunes gens que les vacances mettent dans l'impossibilité de fréquenter les bibliothèques.

Les meilleurs devoirs d'élèves seront insérés, comme cela a lieu durant l'année, dans le *Journal des Lycées et Collèges*, à titre de corrigés, conformément aux spécimens ci-dessous.

JOURNAL

DES

Lycées et Collèges

PRIX DE L'ABONNEMENT :

France. Un an, **10** fr. ; Six mois, **5** fr.

Étranger. — **12** fr. — **6** fr.

BULLETIN D'ABONNEMENT

à détacher et à renvoyer à la Librairie MASSON

120, BOULEVARD SAINT-GERMAIN, PARIS

Le soussigné déclare s'abonner au **Journal des Lycées et Collèges** *pour*[1] ________ *à partir du* ________

Il envoie le prix de cet abonnement en un mandat de la valeur de ________

SIGNATURE :

NOM DE L'ABONNÉ ________

ADRESSE ________

1. Un an, six mois.

Nouveau Cours de Grammaire Française

A l'usage de l'Enseignement secondaire classique et moderne

PAR

M. H. BRELET

Ancien élève de l'Ecole normale supérieure
Agrégé de Grammaire
Professeur de Quatrième au lycée Janson-de-Sailly

« *Chacun de nos trois ordres d'enseignement doit avoir sa méthode L'enseignement secondaire, avec son groupe de langues diverses se superposant et se pénétrant, doit chercher à donner* **une certaine unité à son enseignement grammatical,** *et, puisque la Grammaire française est la première étudiée, la Grammaire française doit s'inspirer des méthodes réclamées par les autres langues. S'il est nécessaire pour le latin et pour le grec, et aussi pour l'allemand, d'avoir telles ou telles classifications, la Grammaire française doit adopter ces classifications quand notre langue les possède également.* » (H. Brelet.) *L'Enseignement grammatical dans l'Enseignement secondaire, p.* 14) (1).

C'est pour réaliser ce programme que notre librairie publie ce Nouveau Cours de Grammaire française, qui s'adresse à l'Enseignement secondaire tout entier.

Le Nouveau Cours de Grammaire française embrasse l'ensemble des classes Primaires, Elémentaires et de Grammaire, et se divise comme suit :

(Voir ci-contre.)

1. Cet ouvrage a été honoré pour l'année 1898 de la Médaille de la *Société pour l'Étude des Questions d'Enseignement secondaire.* Voir le texte du rapport (M. Egger, rapporteur) dans le n° 8 du 15 avril 1898 du Bulletin de la Société.

I

Premières leçons de Grammaire française, à l'usage des Classes Préparatoires, par H. Brelet, ancien élève de l'École normale supérieure, agrégé de Grammaire, professeur de Quatrième au lycée Janson-de-Sailly et Mathey, professeur de Huitième au lycée Janson-de-Sailly. 1 vol. in-16, cartonné toile souple . . . . 2 fr.

Ce volume comprend à la fois les **leçons** et les **exercices** qui y correspondent.

II

Éléments de Grammaire française, à l'usage des classes de Huitième et de Septième, par H. Brelet. 1 volume in-16, cartonné toile souple . . . . 2 fr.

Exercices sur les Éléments de Grammaire française, à l'usage des classes de Huitième et de Septième, par V. Charpy, agrégé de Grammaire, professeur de Quatrième au lycée Janson-de-Sailly. 1 vol. in-16.

III

Abrégé de Grammaire française, à l'usage des classes de Sixième et de Cinquième de l'Enseignement classique et de l'Enseignement moderne, par H. Brelet. 1 volume in-16.

Exercices sur l'Abrégé de Grammaire française, à l'usage des classes de Sixième et de Cinquième de l'Enseignement classique et de l'Enseignement moderne, par H. Brelet et V. Charpy. 1 vol. in-16.

IV

Grammaire française, à l'usage de la classe de Quatrième et des Classes Supérieures de l'Enseignement classique et de l'Enseignement moderne, par H. Brelet. 1 volume in-16.

Exercices sur la Grammaire française, à l'usage de la classe de Quatrième et des Classes Supérieures de l'Enseignement classique et de l'Enseignement moderne, par H. Brelet et V. Charpy. 1 vol. in-16.

NOUVEAU COURS DE Grammaire Latine ET DE Grammaire Grecque

PAR

M. H. BRELET

ANCIEN ÉLÈVE DE L'ÉCOLE NORMALE SUPÉRIEURE, AGRÉGÉ DE GRAMMAIRE
PROFESSEUR DE QUATRIÈME AU LYCÉE JANSON-DE-SAILLY

Volumes in-16, cartonnés toile anglaise.

Éléments de Grammaire latine, à l'usage des classes de sixième et de cinquième. . . . . 2 fr.

Éléments de Grammaire grecque, à l'usage de la classe de cinquième. . . . . 1 fr. 50

Grammaire latine, à l'usage des classes de quatrième et des classes supérieures. . . . . 2 fr. 50

Grammaire grecque, à l'usage de la classe de quatrième et des classes supérieures. . . . . 3 fr.

EXERCICES CORRESPONDANTS

Exercices latins (*Versions et thèmes*), à l'usage de la classe de sixième, par M. V. Charpy, agrégé de grammaire, professeur de cinquième au lycée Janson-de-Sailly. . . . . . 2 fr.

Exercices latins (*Versions et thèmes*), à l'usage de la classe de cinquième, par MM. Brelet et V. Charpy. . . 2 fr. 50

Exercices grecs (*Versions et thèmes*), à l'usage de la classe de cinquième, par MM. H. Brelet et V. Charpy. . 1 fr. 50

Exercices latins (*Versions et thèmes*), à l'usage de la classe de quatrième, par MM. H. Brelet et P. Faure, professeur de rhétorique au lycée Janson-de-Sailly. . . . . . 2 fr. 50

Exercices grecs (*Versions et thèmes*), à l'usage de la classe de quatrième, par MM. H. Brelet et V. Charpy. 2 fr. 50

Exercices latins (*Versions et thèmes*), à l'usage des classes de troisième et de seconde, par MM. H. Brelet et P. Faure. . . . . 3 fr.

Exercices grecs (*Versions et thèmes*), à l'usage des classes supérieures, par MM. H. Brelet et P. Faure. . . . 3 fr.

Tableau des exemples des grammaires grecque et latine, à l'usage de la classe de quatrième et des classes supérieures. 1 vol. petit in-8°, cartonné. . . . . . . 80 c.

Chrestomathie grecque, ou Recueil de textes gradués, pour faire suite aux *Exercices grecs*, à l'usage de la classe de quatrième, et comprenant les auteurs prescrits au programme . . . . 2 fr. 50

Epitome historiæ græcæ, à l'usage de la classe de sixième, avec deux cartes en couleurs et figures dans le texte. . 2 fr.

MEMENTOS

à l'usage des candidats aux Baccalauréats de l'Enseignement classique et moderne et aux Écoles du Gouvernement

Conseils pour la Composition française, la version, le thème et les épreuves orales, par A. KELLER, directeur du *Journal des Lycées et Collèges*. 1 vol. in-12 . . . . 1 fr.

Résumé du Cours de Philosophie sous forme de plans, par A. KELLER, directeur du *Journal des Lycées et Collèges*. 1 volume in-12 . . . . 2 fr.

Histoire de la Philosophie, par A. KELLER, directeur du *Journal des Lycées et Collèges*. 1 vol. in-12 . . 1 fr.

Memento de chimie, par M. A. DYBOWSKI, agrégé des sciences physiques, professeur au lycée Charlemagne.

Quatrième édition, avec la *notation en équivalents*. 1 volume in-12. . . . . 2 fr.

Sixième édition, entièrement remaniée, avec la *notation atomique*. 1 vol. in-12 . . . . 2 fr.

Guide pour les manipulations chimiques, à l'usage des élèves de mathématiques élémentaires et des candidats aux baccalauréats, par M. KNOLL, préparateur au lycée Louis-le-Grand. *Deuxième édition*. 1 vol. in-12, avec figures dans le texte. . . . 1 fr.

Questions de Physique. **Énoncés et solutions**, par R. GAZO, docteur ès sciences. *Deuxième édition*. 1 vol. in-12 . . . . 2 fr.

Leçons de *Littérature Grecque*

Par M. CROISET, professeur à la Faculté des lettres de Paris.

4e édition. 1 volume in-16, cart. toile. . . . . 2 fr.

Leçons de *Littérature Latine*

Par MM. LALLIER, maître de conférences, et LANTOINE, secrétaire de la Faculté des lettres de Paris.

3e édition. 1 vol. in-18, cartonné. . . . . . 2 fr.

PREMIÈRES LEÇONS D'HISTOIRE LITTÉRAIRE

Littérature grecque, littérature latine, littérature française, par MM. CROISET, LALLIER et PETIT DE JULLEVILLE.

4e édition, 1 vol. in-16, cartonné toile . . . 2 fr.

ENSEIGNEMENT SECONDAIRE DES JEUNES FILLES

Morceaux Choisis

A L'USAGE

des Classes Préparatoires

Publiés par Mesdames **CHAPELOT**, **BOUCHEZ** et **HOCDÉ**, Professeurs au lycée Fénelon.

Parmi les livres de morceaux choisis qui existent, il n'en est aucun qui s'adresse particulièrement aux eunes filles; il a semblé aux auteurs de ce recueil qu'il était utile de combler cette lacune et elles ont réuni en trois volumes les extraits des auteurs classiques et modernes qu'elles font apprendre à leurs élèves depuis plusieurs années.

La difficulté des morceaux est graduée d'après l'âge des élèves. Le *premier degré et le deuxième degré* s'adressent aux fillettes de 6 à 9 ans: les auteurs n'y ont pas ajouté de notes, sachant, par expérience, que pour de si jeunes enfants aucune explication écrite ne peut remplacer la parole du professeur. Le *troisième degré*, qui est destiné aux élèves de 9 à 11 ans, contient quelques notes explicatives. Le *quatrième degré*, plus complet sous ce rapport, sera pour les enfants de 11 à 13 ans une préparation aux études littéraires : les extraits de chaque auteur y sont précédés d'une courte biographie, et les fragments des œuvres dramatiques sont accompagnés d'une analyse sommaire de la pièce.

Ainsi ordonnée, cette publication est appelée, nous l'espérons, à amener les toutes jeunes filles, par une pente insensible, à l'intelligence des chefs-d'œuvre de notre littérature.

Les morceaux choisis comprennent 3 volumes in-18 cartonnés toile.
Chacun des 2 premiers volumes est vendu 1 fr. 50;
le troisième est vendu 2 fr. 50.

COLLECTION LANTOINE

Livres de Lectures et d'Analyses

Classiques Grecs et Latins

CHOIX ET EXTRAITS

Traduits et publiés par une réunion de professeurs, sous la direction de M. **H. LANTOINE**, secrétaire de la Faculté des lettres de Paris.

Cette collection a été créée en vue de l'*Enseignement moderne et de celui des Jeunes filles*, qui, sans étudier les langues mortes, doivent être cependant à même de lire et d'analyser les chefs-d'œuvre de l'antiquité.

Confiées à des professeurs distingués, qui ont apporté au choix de ces extraits le soin le plus minutieux, qui ont soigneusement revu, quand ils ne les ont pas faites eux-mêmes, les traductions des auteurs publiés, ces éditions sont en outre accompagnées de notices historiques et littéraires qui en rendent la lecture facile et fructueuse.

Chaque volume est précédé d'une *Notice biographique et bibliographique*, de *commentaires*, et suivi d'un *Index* quand il a paru nécessaire à la lecture du texte.

Voici le détail des **Auteurs publiés**, avec le nom des collaborateurs qui ont bien voulu nous prêter leur concours :

Homère. *Odyssée* (Analyse et Extraits), par M. ALLÈGRE, professeur à la Faculté des lettres de Lyon. (6ᵉ Moderne.)

Plutarque. *Vies des Grecs illustres* (Choix), par M. LEMERCIER, maître de conférences à la Faculté des lettres de Caen. (6ᵉ Moderne.)

Hérodote (Extraits), par M. CORRÉARD, professeur au lycée Charlemagne. (6ᵉ Moderne.)

Homère. *Iliade* (Analyse et Extraits), par M. ALLÈGRE. (5ᵉ Moderne.)

Plutarque. *Vies des Romains illustres* (Choix), par M. LEMERCIER. (5ᵉ moderne.)

Tite-Live (Extraits), par M. H. LANTOINE, secrétaire de la Faculté des lettres de Paris. (5ᵉ moderne.)

Virgile (Analyse et Extraits), par M. H. LANTOINE. (5ᵉ Moderne.)

Xénophon (Analyse et extraits), par M. VICTOR GLACHANT, professeur au lycée Buffon. (4ᵉ Moderne.)

Salluste, par M. H. LANTOINE. (4ᵉ Moderne.)

Eschyle, Sophocle, Euripide (Choix), par M. PUECH, maître de conférences à la Faculté des lettres de Paris. (3ᵉ Moderne.)

Plaute, Térence (Extraits choisis), par M. AUDOLLENT, maître de conférences à la Faculté des lettres de Clermont. (3ᵉ Moderne.)

César, par M. H. LANTOINE. (3ᵉ Moderne.)

Eschyle, Sophocle, Euripide (Pièces choisies), par M. PUECH, maître de conférences à la Faculté des lettres de Paris. (2ᵉ Moderne.)

Aristophane, pièces choisies par M. FERTÉ, professeur au lycée Charlemagne. (2ᵉ Moderne.)

Sénèque. Extraits par M. LEGRAND, professeur au lycée Buffon. (2ᵉ Moderne.)

Cicéron. Traités. Discours. Lettres, par M. H. LANTOINE. (2ᵉ Moderne.)

Tacite. Extraits, par M. H. LANTOINE. (2ᵉ Moderne.)

Chaque volume est vendu cartonné toile anglaise 2 fr.

Ouvrages de M. PETIT DE JULLEVILLE

Professeur à la Faculté des lettres de Paris.

HISTOIRE DE LA *Littérature française*

Depuis les origines jusqu'à nos jours
10e édition avec un index des ouvrages et des auteurs cités. 1 volume in-16. Broché. . 3 fr. 50, cart. toile. . 4 fr.

Cet ouvrage est la *dixième édition* soigneusement revue des LEÇONS DE LITTÉRATURE. On peut se procurer séparément.

DES ORIGINES A CORNEILLE. 1 vol. in-16, cart. toile. . . . . . . 2 fr.
DE CORNEILLE A NOS JOURS. 1 vol. in-16, cart. toile. . . . . 2 fr.

MORCEAUX CHOISIS *des auteurs français* *poètes et prosateurs.*

1 vol. in-16, cart. toile. . . . . 5 fr.

Ce recueil renferme environ 400 extraits des principaux écrivains depuis le onzième siècle jusqu'à nos jours, avec de courtes notices d'histoire littéraire. Nous avons pour nous conformer aux besoins des programmes, divisé ce livre en trois volumes qui sont vendus séparément.

I. MOYEN AGE ET XVIe SIÈCLE. — II. XVIIe SIÈCLE. — III. XVIIIe ET XIXe SIÈCLES.
Chaque volume, cart. toile verte, est vendu séparément . . . . 2 fr.

E. BAUER ET DE SAINT-ÉTIENNE

Professeurs à l'École alsacienne.

Premières Lectures littéraires. *4e édition revue et corrigée.* 1 vol. in-16, cartonné toile. . . . 1 fr. 50

Ouvrage couronné par la Société pour l'Instruction élémentaire : lectures intéressantes, simples et familières, qui plaisent aux enfants et forment leur goût.

Des mêmes Auteurs

avec une Préface

Par M. PETIT DE JULLEVILLE.

Nouvelles Lectures littéraires, avec notes et notices. 2e édit., 1 vol. in-16, cartonné toile. 2 fr. 50

Cet ouvrage, suite naturelle du précédent, est divisé en sept chapitres : *Contes et Légendes; Fables ; Anecdotes et Récits; Études morales; Portraits et Caractères; Scènes et Tableaux de la nature.* Il comprend 200 morceaux, prose et poésie, empruntés aux meilleurs auteurs, et renferme la matière de deux années d'études.

BRUNOT, maître de conférences à la Faculté des lettres de Paris.
Précis de Grammaire historique de la langue française, avec une introduction sur les origines et le développement de cette langue. *Ouvrage couronné par l'Académie française.* 3e édition. 1 vol. in-18, cart. toile verte. . . . . 6 fr.

CAUSSADE (De), conservateur à la Bibliothèque Mazarine, membre des commissions d'examens de l'Hôtel de Ville.
Notions de Rhétorique et étude des genres littéraires 6e édit. 1 vol. in-18, toile anglaise. . . . . 2 fr. 50
Littérature grecque, 6e édition. 1 volume in-18, toile anglaise. . . . . 3 fr.
Littérature latine, 4e édition. 1 vol. in-18, toile anglaise. 6 fr.

GRÉARD, de l'Institut, vice-recteur de l'Académie de Paris.
Précis de littérature. 5e édition. 1 vol. in-18, cartonné 1 fr. 60

LE GOFFIC (Charles) et **THIEULIN (Édouard)**, professeurs agrégés de l'Université.
Nouveau traité de versification française, à l'usage des classes de l'enseignement classique et de l'enseignement spécial des lycées et des collèges, des écoles normales, du brevet supérieur et des classes de l'enseignement secondaire des jeunes filles. 2e édition. 1 vol. in-16, cartonné toile . . . . . 1 fr. 50

LIARD, directeur de l'enseignement supérieur au Ministère de l'Instruction publique.
Logique (cours de philosophie). 3e édition. 1 vol. in-18, cartonné toile. . . . . 2 fr.

MORILLOT (Paul), professeur à la Faculté de Grenoble.
Le Roman en France depuis 1610 jusqu'à nos jours. *Lectures et Esquisses*. 1 vol. in-16. . . . . 5 fr.

Lectures Historiques Allemandes

TIRÉES DES MEILLEURS ÉCRIVAINS

Par Paul DURANDIN

Agrégé de l'Université, Examinateur au Collège Stanislas.

Programmes des classes de St-Cyr, de Rhétorique et de Philosophie.

1 volume in-16, cartonné toile. . . . . 4 fr. 50

Ce qui a le plus nui jusqu'ici aux langues vivantes, c'est que rien ne les relie au reste des études. L'auteur a eu l'intention d'en faire un élément actif de l'instruction du lycéen, de la relier à l'étude de l'histoire et de la géographie, d'en doubler du même coup l'intérêt, la facilité et l'utilité, d'en faire un enseignement vivant, portant sur des idées et des faits que les élèves étudient volontiers et qu'ils ont intérêt à bien connaître pour leurs examens.

Enseignement secondaire des jeunes filles
Enseignement primaire supérieur

VOLUMES IN-16, CARTONNÉS TOILE VERTE

Géographie

OUVRAGES DE M. MARCEL DUBOIS

Notions élémentaires de géographie générale. Nouvelle édition, publiée en collaboration avec M. Parmentier, professeur au collège Chaptal, et M. Bernard, agrégé d'histoire et de géographie . . . . 2 fr. 25

Géographie de l'Europe. Nouvelle édition, publiée avec la collaboration de M. Paul Durandin, agrégé d'histoire et de géographie, avec cartes et croquis. . . . . 2 fr. 25

Géographie de la France. Nouvelle édition, publiée avec la collaboration de M. Benoit, agrégé d'histoire et de géographie, avec cartes et croquis. 2 fr. 25

Précis de géographie économique des cinq parties du monde . . . . 6 fr.

Histoire

OUVRAGES DE M. CORRÉARD

Histoire nationale et Notions sommaires d'histoire générale, *des origines gauloises au milieu du quinzième siècle.*

Histoire nationale et Notions sommaires d'histoire générale, *du milieu du quinzième siècle à la mort de Louis XIV.*

Histoire nationale et Notions sommaires d'histoire générale, *de la mort de Louis XIV à* 1875.

Chaque volume. . . . . 2 fr. 50

OUVRAGES DE M. CH. SEIGNOBOS

Histoire de la civilisation. — *Histoire ancienne de l'Orient.* — *Histoire des Grecs.* — *Histoire des Romains.* — *Le Moyen âge jusqu'à Charlemagne.* 3ᵉ édition, avec 105 figures . . . 3 fr. 50

Histoire de la civilisation. — *Moyen âge depuis Charlemagne.* — *Renaissance et temps modernes.* — *Période contemporaine.* 3ᵉ édition, avec 72 figures. . . . . 5 fr.

Précis de Géographie Économique

PAR MM.

MARCEL DUBOIS

Professeur de Géographie coloniale à la Faculté des lettres de Paris,
Maître de conférences à l'École normale supérieure de jeunes filles de Sèvres.

Et J.-G. KERGOMARD

Professeur agrégé d'Histoire et Géographie au lycée de Tours.

Ouvrage destiné aux classes de 1re Sciences et Lettres des lycées, aux 5e et 6e années des lycées de jeunes filles, aux Écoles de commerce (Hautes-Études commerciales, Écoles supérieures de commerce, Écoles commerciales, etc.)

1 volume in-8 de 844 pages . . . . 8 fr.

Ce *Précis* comprend les cinq parties du monde, avec des développements spéciaux en ce qui concerne la France. Sans négliger la géographie politique et la géographie physique, avec laquelle la géographie économique a les relations les plus étroites, les auteurs se sont attachés surtout à décrire les richesses agricoles (forêts, cultures alimentaires, cultures arborescentes, cultures industrielles, élevage, chasse, pêche, etc.), les diverses branches de l'industrie, les voies de communication, le commerce intérieur et extérieur. Leur œuvre fera époque dans l'enseignement de la géographie. Elle est la seule, à notre connaissance, en dehors des travaux suscités par la Société de géographie commerciale, qui traite d'une façon principale cette branche de la géographie.

(*Bulletin de la Chambre de Commerce de Paris*).

On vend séparément (extrait de ce volume):

La France et l'Europe. 1 vol. in-8 . . . . **6** fr.

L'Asie, l'Océanie, l'Afrique, les Amériques. 1 vol. in-8 **4** fr.

PRÉPARATION A L'ÉCOLE SPÉCIALE MILITAIRE DE SAINT-CYR

Précis de Géographie

PAR

Marcel DUBOIS
Professeur de Géographie coloniale à la Faculté des lettres de Paris.

Camille GUY
Ancien élève de la Sorbonne.
Professeur agrégé de Géographie et d'Histoire

UN TRÈS FORT VOLUME IN-8

Avec nombreuses cartes, croquis et figures dans le texte.
Broché. . . **12** fr. **50** — Relié. . . **14** fr.

Précis d'Histoire

MODERNE ET CONTEMPORAINE

Par F. CORRÉARD

Professeur au lycée Charlemagne

Un volume in-8 de 800 pages. . Broché. **10** fr. **50**. Relié. **12** fr

Cartes d'Étude

pour servir
à l'Enseignement de la Géographie

Par MM.
MARCEL DUBOIS
Professeur de Géographie coloniale à la Faculté des Lettres de Paris
Maître de conférences
à l'École normale supérieure de jeunes filles de Sèvres.
et E. SIEURIN
Professeur de Géographie au collège de Melun.

Première Partie :
LA FRANCE

QUATRIÈME ÉDITION

40 feuilles (240 cartes et cartons) reliées en un volume in-4, 1 fr. 80

1. Situation de la France dans le monde. — 2. France géologique. — 3. France orographique. — 4. Les Alpes. — 5. Principaux passages des Alpes. — 6. Le Jura, les Vosges et le Morvan. — 7. Les Pyrénées. — 8. Massif central. — 9. Régions climatériques, pluies, lignes isothermes. — 10. France hydrographique. — 11. Tributaires de la mer du Nord, la Seine et ses affluents. — 12. La Loire et ses affluents. Les fleuves bretons. — 13. La Garonne et ses affluents. L'Adour. — 14. Le Rhône et ses affluents. Les fleuves côtiers méditerranéens. — 15. France limnologique. — 16, 17, 18, 19. La côte française. — 20. France économique. — 21. France économique (*Suite*). — 22. Chemins de fer. — 23. Canaux et voies navigables. — 24. France historique. Carte d'ensemble. — 25. France politique. Départements et anciennes provinces. — 26. France politique. Ire région. — 27. IIe région. — 28. IIIe, IVe régions. — 29. Ve, VIe régions. — 30. VIIe région. — 31. VIIIe région. — 32. France administrative. — 33. France universitaire. — 34. Défense du territoire. Frontière belge et frontière allemande. — 35. Défense du territoire. Frontière des Alpes et frontière des Pyrénées. — 36. Algérie-Tunisie (carte physique et carte politique). — 37. Zone saharienne réservée à l'influence française. Soudan français (carte physique). Sénégal, Rivières du Sud, Côtes de Guinée, Pays du Niger. Sénégal et Soudan français (carte physique). Gabon et Congo français. — 38. Madagascar. Possessions françaises de l'Indo-Chine, Tonkin. Cochinchine. — 39. La Guyane française. Terre-Neuve, Saint-Pierre et Miquelon, Martinique, Guadeloupe. Nouvelle-Calédonie. Autres Colonies de l'Océanie. — 40. Madagascar.

Deuxième Partie :
L'EUROPE

DEUXIÈME ÉDITION

29 feuilles (130 cartes et cartons), reliées en un volume in-4, 1 fr. 80

1. Situation de l'Europe dans le monde. — 2. Europe géologique. — 3. Europe physique. — 4. Europe climatérique. — 5. Europe ethnographique. — 6. Europe politique. — 7. La Méditerranée. — 8. Iles Britanniques (carte physique); 9, politique. — 10. Les Alpes. — 11. Le Rhin. — 12. Belgique et Hollande (carte physique); 13, politique. — 14. Scandinavie (carte physique); 15, politique. — 16. Russie physique; 17, politique et économique. — 18. Autriche-Hongrie (carte physique); 19, politique. — 20. Allemagne physique; 21, politique. — 22. Suisse physique; 23, politique. — 24. Espagne et Portugal (carte physique); 25, politique. — 26. Italie physique; 27, politique. — 28. Péninsule des Balkans carte physique); 29, politique.

Troisième Partie :

Géographie générale,

Asie, Océanie, Afrique, Amérique

DEUXIÈME ÉDITION

50 feuilles (250 cartes et cartons), reliées en un volume in-4, 2 fr. 50

1 et 2. Le globe terrestre. — 3. Les mers. — 4. Les continents. — 5. Le relief terrestre. — 6. Les eaux douces (fleuves, lacs). — 7. Les côtes. — 8 et 9. L'atmosphère. — 10. Principales productions du sol. — 11. Ethnographie. — 12. Asie physique. — 13. Asie politique. — 14. Sibérie, Turkestan. — 15. Iran, Arménie, pays du Caucase. — 16. Asie Mineure. — 17. Mésopotamie, Syrie, Arabie. — 18. Inde physique. — 19. Inde politique et économique. — 20. Asie centrale. — 21. Chine. — 22. Indo-Chine. — 23. Japon et Corée. — 24. Océanie (carte générale), Nouvelle-Zélande et Nouvelle-Guinée. — 25. Australie. — 26. Indes Néerlandaises, Philippines. — 27. Polynésie détaillée. — 28 à 37. Afrique. — 38. Amérique physique. — 39. Canada (carton Amérique du Nord politique). — 40. Etats-Unis (physique). — 41. Etats-Unis (politique et économique). — 42. Mexique et Amérique centrale (physique). — 43. Mexique et Amérique centrale (politique). — 44. Les Antilles. — 45. Amérique du Sud politique. — 46. Colombie, Venezuela, Guyanes. — 47. Equateur, Pérou, Bolivie. — 48. Brésil. — 49. Etats-Unis de la Plata. — 50. Grandes voies de communication du globe.

Les 3 atlas sont en outre vendus reliés en un seul volume. *Prix*. . . . . **6 fr.**

Nouvelles Cartes d'Étude

à l'usage des CLASSES ÉLÉMENTAIRES

LES CINQ PARTIES DU MONDE. — LA FRANCE

Par MM. Marcel DUBOIS et E. SIEURIN

26 cartes avec texte explicatif en regard

Reliés en un volume in-4°. . . . . 2 fr. 60

En écrivant cet ouvrage, les auteurs n'ont jamais oublié qu'ils s'adressaient à de jeunes enfants. Ils ont réduit la nomenclature au strict nécessaire, aux noms absolument indispensables; néanmoins aucune chose essentielle n'a été oubliée. Le texte a été rigoureusement placé en regard de la carte; il ne renferme aucun nom géographique qui ne se rencontre sur le croquis correspondant. Enfin, les cartes, peu chargées de noms et souvent en deux teintes, sont d'une lecture facile et d'une reproduction commode.

ENSEIGNEMENT SECONDAIRE
(CLASSIQUE ET MODERNE)

COURS COMPLET DE GÉOGRAPHIE

PUBLIÉ SOUS LA DIRECTION DE

M. MARCEL DUBOIS

Professeur de Géographie coloniale à la Faculté des lettres de Paris et maître de conférences à l'École normale de jeunes filles de Sèvres.

DIVISION DU COURS

Géographie élémentaire des cinq parties du monde, avec 90 figures, cartes et croquis, avec la collaboration de M. Thalamas, professeur au lycée d'Amiens (*Huitième classique*) . . . . . 2 fr.

Géographie élémentaire de la France et de ses colonies. — *Cours élémentaire*, avec 59 figures, cartes et croquis, avec la collaboration de M. Thalamas, professeur au lycée d'Amiens (*Septième classique*) . . . . 2 fr.

Géographie générale du monde. — Géographie du bassin de la Méditerranée, avec 71 figures, cartes et croquis, avec la collaboration de M. A. Parmentier, professeur au collège Chaptal (*Sixième classique*). . . . . 2 fr.

Géographie de la France et de ses Colonies. — *Cours moyen*, avec 112 figures, cartes et croquis (*Cinquième classique et sixième moderne*). . . . . 3 fr.

Géographie générale. — Étude du continent américain, avec 59 cartes et croquis, avec la collaboration de M. Aug. Bernard, professeur agrégé d'histoire et de géographie (*Quatrième classique et Cinquième moderne*). . . . . 3 fr.

Afrique — Asie — Océanie, avec 20 cartes et croquis, avec la collaboration de M. C. Martin, professeur agrégé d'histoire et de géographie, et M. H. Schirmer, chargé de cours à la Faculté des lettres de Lyon (*Troisième classique et Quatrième moderne*). 2e édition revue et corrigée. . . . . 3 fr. 50

Europe, avec la collaboration de MM. Durandin et Malet, professeurs agrégés d'histoire et de géographie (*Seconde classique et Troisième moderne*), 2e édition revue et corrigée. . . . . 5 fr.

Géographie de la France et de ses Colonies. — *Cours supérieur*, avec la collaboration de M. F. Benoît, agrégé d'histoire et de géographie, 209 figures, cartes et croquis, 2e édition (*Rhétorique et Seconde moderne*). . . . . 6 fr.

ENSEIGNEMENT SECONDAIRE CLASSIQUE ET MODERNE

Nouveau Cours d'Histoire

PAR F. CORRÉARD

Professeur d'histoire au lycée Charlemagne.

4 VOLUMES IN-16, CARTONNÉS TOILE

TROISIÈME CLASSIQUE ET QUATRIÈME MODERNE

Histoire de l'Europe et de la France depuis 395 jusqu'en 1270. 4e édition. . . . . 2 fr. 50

SECONDE CLASSIQUE ET TROISIÈME MODERNE

Histoire de l'Europe et de la France depuis 1270 jusqu'en 1610. 2e édition. . . . . 3 fr. 50

RHÉTORIQUE CLASSIQUE ET SECONDE MODERNE

Histoire de l'Europe et de la France depuis 1610 jusqu'en 1789. 2e édition. . . . . 3 fr. 50

PHILOSOPHIE CLASSIQUE ET PREMIÈRE MODERNE

Histoire de l'Europe et de la France depuis 1789 jusqu'en 1889. 2e édition . . . . 6 fr.

Histoire de la Civilisation

PAR CH. SEIGNOBOS

Docteur ès lettres, Maître de conférences à la Faculté des lettres de Paris.

3 VOLUMES IN-16, AVEC FIGURES

Histoire de la civilisation ancienne (Orient, Grèce, Rome). . . . . 3 fr.

Histoire de la civilisation au moyen âge et dans les temps modernes. . . . . 3 fr.

Histoire de la civilisation contemporaine. . . . 3 fr.

BERT (Paul), membre de l'Institut, et BLANCHARD (Raphaël), professeur à la Faculté de médecine de Paris, Membre de l'Académie de médecine.

Éléments de Zoologie. 1 volume petit in-8, avec 613 figures. 7 fr.

BURAT, professeur au lycée Louis-le-Grand.

Précis de Mécanique. 8ᵉ édition. 1 vol. in-18, avec 259 figures, cartonné toile . . . . 3 fr.

DUCATEL, professeur agrégé de Mathématiques au lycée Condorcet.

Leçons d'Arithmétique à l'usage des classes élémentaires des lycées et collèges de garçons et de jeunes filles et de l'Enseignement primaire. 1 vol. in-18, avec des questionnaires, de nombreux exercices et les réponses aux exercices, cartonné toile. . . . . 2 fr. 50

LAPPARENT (A. de), membre de l'Institut, professeur l'Institut catholique.

Abrégé de Géologie. 3ᵉ édition, entièrement refondue. 1 volume in-18, avec 134 gravures et 1 carte géologique de la France chromolithographiée, cart. toile.. . 3 fr.

Leçons de Géographie physique. 2ᵉ édition, entièrement refondue, 1 vol. gr. in-8° avec 163 figures dans le texte et 1 planche en couleurs . . . . 12 fr.

Notions générales sur l'écorce terrestre. 1 vol. petit in-8° avec 33 figures dans le texte.. . . 1 fr. 20

MARAGE, professeur à l'École Sainte-Geneviève.

Memento d'Histoire naturelle. 1 volume in-12, avec 102 figures. . . . . 2 fr.

MAUDUIT, ancien professeur au lycée Saint-Louis.

Précis d'Algèbre. 9ᵉ édition. 1 vol. in-18, cart. 1 fr. 60

Précis d'Arithmétique. 7ᵉ édition. 1 vol. in-18, cartonné toile . . . . 1 fr. 40

MILNE-EDWARDS (Alph.), membre de l'Institut.

Précis d'Histoire naturelle (zoologie, botanique, géologie). 22ᵉ édition. 1 vol. in-18, avec 411 figures, cart. toile. . . . . 3 fr.

Histoire naturelle des animaux :

ZOOLOGIE MÉTHODIQUE ET DESCRIPTIVE. 3ᵉ édition. 1 vol. in-18, avec 487 figures dans le texte, cart. toile. 3 fr.

ANATOMIE ET PHYSIOLOGIE ANIMALES. 3ᵉ édition. 1 vol. in-18. avec 241 figures dans le texte, cartonné toile. . . 3 fr.

PROUST, professeur à la Faculté de médecine de Paris.

Douze conférences d'Hygiène, rédigées conformément au plan d'études du 12 août 1890. Nouvelle édition. 1 vol. in-18, cartonné toile. . . . . 2 fr. 50

ROUBAUDI, professeur de mathématiques au lycée Buffon et de géométrie descriptive au lycée Carnot.

Cours de Géométrie descriptive, 1 vol. in-8, avec 215 figures et une épure hors texte. . . . . . . 4 fr.

VÉLAIN (Ch.), chargé de cours à la Faculté des sciences de Paris.

Cours élémentaire de Géologie stratigraphique. 4ᵉ édition, entièrement refondue. 1 volume in-18, avec 435 gravures dans le texte et 1 carte géologique de la France, imprimée en couleurs . . . . 4 fr. 50

WURTZ, membre de l'Institut, professeur à la Faculté des sciences de Paris.

Leçons élémentaires de Chimie moderne. 7ᵉ édit. 1 vol. in-18, avec 133 figures. . . . . 9 fr.

Ouvrages de M. E. FERNET

Inspecteur général de l'Instruction publique.
Ancien professeur de Physique au Lycée Saint-Louis

Traité de Physique élémentaire, de Ch. Drion et E. Fernet. 12e édition, en collaboration avec A. Chervet, professeur de physique au lycée Louis-le-Grand. 1 vol. petit in-8, 706 figures, broché. . . . . 8 fr.

Précis de Physique. 25e édition, en collaboration avec J. Faivre-Dupaigre, professeur au lycée Saint-Louis. 1 vol. in-18, avec 322 fig., cart. . . . . 3 fr.

Cours élémentaire de Physique. 1 volume in-16, avec 472 figures, cartonné toile anglaise. . . . . 5 fr.

Notions de Physique et de Chimie. 5e édition. 1 volume in-18, avec 192 figures dans le texte, cart. toile. 2 fr. 50

Cours de Physique pour la classe de mathématiques spéciales. 3e édition grand in-8, 490 fig., br. 15 fr.

Ouvrages de M. TROOST

MEMBRE DE L'INSTITUT, PROFESSEUR A LA FACULTÉ DES SCIENCES DE PARIS

Précis de Chimie, *29e édition, entièrement refondue,* 1 volume in-18, avec 291 figures, cartonné . . . . . 3 fr.

Traité élémentaire de Chimie, 12e édition, entièrement refondue. 1 vol. in-8, avec 548 figures. . . 8 fr.

Le *Traité élémentaire de Chimie* se vend aussi en deux parties séparées :

Introduction-Métalloïdes. 1 volume petit in-8 de 380 pages, avec 286 figures . . . . 4 fr.

Métaux-Chimie organique. 1 volume petit in-8 de 512 pages, avec 262 figures . . . . 5 fr.

Cours préparatoire au Certificat d'Études Physiques, Chimiques et Naturelles (P. C. N.)

Précis de Zoologie

Par le Dr G. CARLET

Professeur à la Faculte des sciences et à l'École de médecine de Grenoble

QUATRIÈME ÉDITION ENTIÈREMENT REFONDUE

Par Rémy PERRIER

Ancien élève à l'École normale supérieure, agrégé, docteur ès-sciences naturelles chargé du cours préparatoire P. C. N. à la Faculté des sciences de Paris.

1 vol. in-8 de 860 pages avec 740 fig. dans le texte. . . . 9 fr.

Depuis la publication de la troisième édition, les futurs médecins doivent au préalable passer une année dans les Facultés des sciences, où leur sont enseignés les éléments des *sciences physiques, chimiques et naturelles*. Aussi les changements apportés à cette nouvelle édition sont-ils plus profonds que ceux qui marquent en général les éditions successives d'un même ouvrage. C'est donc un livre presque nouveau que nous offrons aux étudiants, puisqu'il doit répondre à un besoin également nouveau.

Traité de Manipulations de Physique

Par B.-C. DAMIEN

Professeur de Physique à la Faculté des sciences de Lille.

et R. PAILLOT

Agrégé, chef des travaux pratiques de Physique à la Faculté des sciences de Lille

1 vol. in-8° avec 246 figures dans le texte. . . 7 fr.

Ce Traité s'adresse à la fois aux candidats au certificat d'études physiques, chimiques et naturelles (P. C. N.) et aux candidats à la licence et à l'agrégation. Il se distingue des ouvrages du même genre qui existent déjà en France, en ce qu'il renferme un grand nombre de manipulations qui se font couramment dans les universités étrangères et qu'on néglige trop dans notre enseignement pratique. A ce titre il comble une lacune regrettable.

Éléments de Chimie Organique et de Chimie Biologique

Par W. ŒCHSNER de CONINCK

Professeur à la Faculté des sciences de Montpellier, Membre de la Société de Biologie, Lauréat de l'Académie de médecine et de l'Académie des sciences

1 volume in-16. . . . . 2 fr.

Éléments de Botanique

Par PH. Van TIEGHEM

Membre de l'Institut, professeur au Muséum d'Histoire naturelle

TROISIÈME ÉDITION, REVUE ET AUGMENTÉE

2 volumes in-16 comprenant ensemble 1170 pages et 580 figures intercalées dans le texte, cartonnés toile . . 12 fr.

L'auteur a fait tous ses efforts pour mettre cette nouvelle édition au courant de tous les progrès accomplis en Botanique depuis l'année 1893, date de l'achèvement de la deuxième édition. Ces progrès ont intéressé d'une part la Morphologie et la Physiologie des plantes, c'est-à-dire la Botanique générale, traitée dans le premier volume, de l'autre l'Histoire des familles végétales, c'est-à-dire la Botanique spéciale, qui fait l'objet du second volume. De là, dans le premier volume, toute une série de modifications et d'additions, portant notamment sur la structure de la racine, de la tige et de la feuille, sur la formation de l'œuf, etc., qui l'ont augmenté d'environ cinquante pages avec les figures correspondantes. De là, surtout dans le second volume, un remaniement complet de la Classification des Phanérogames, où une place a dû être faite au groupe nouveau des Inséminées avec ses cinq ordres et ses trente-neuf familles, remaniement qui a nécessité une addition de cent pages, avec les figures correspondantes. C'est, en somme, une augmentation de cent cinquante pages qui, jointe à de nombreuses corrections et modifications de détail, fait de cette édition un ouvrage véritablement nouveau.

Éléments *de Grammaire Espagnole*

Par **I. GUADALUPE**, professeur d'espagnol au Collège Rollin et aux Cours de la Ville, professeur examinateur à l'École supérieure de Commerce, professeur à la Société commerciale pour l'étude des langues étrangères et à la Société pour l'Instruction élémentaire, Officier d'Académie.

1 vol. in-16 cartonné toile anglaise . . . . 3 fr.

L'ouvrage que M. Guadalupe publie, après une longue expérience de quatorze années consacrées à l'enseignement de l'espagnol en France est fait sur un plan nouveau et renferme dans un nombre de pages relativement restreint, toutes les notions nécessaires pour connaître la langue à fond. Il peut servir aussi bien pour les commençants que pour les personnes ayant déjà une certaine connaissance de la langue espagnole. Toutes les leçons sont accompagnées d'un exercice pratique, formé de petites phrases simples et usuelles, se rapportant à la conversation ordinaire.

OUVRAGES

DE MM.

Ch. VACQUANT
Ancien professeur au lycée Saint-Louis,
Inspecteur général
de l'Instruction publique.

A. MACÉ DE LÉPINAY
Ancien élève de l'École normale,
Professeur de mathématiques spéciales
au lycée Henri IV.

Cours de Géométrie élémentaire à l'usage des élèves de *Mathématiques élémentaires* avec des compléments destinés aux candidats à l'École normale et à l'École polytechnique. 5e édition. 1 volume in-8, broché . . . . . **8** fr. »

Éléments de Géométrie à l'usage des élèves de l'*Enseignement secondaire moderne*. 7e édition. 1 volume in-16, cartonné toile anglaise. . . . . **4** fr. **50**

On vend séparément :

1re partie : Classes de 4e et de 3e. 1 volume, cartonné toile anglaise. **2** fr. **50**

2e partie : Classes de 2e et 1re. 1 volume, cartonné toile anglaise. **2** fr. **50**

Géométrie élémentaire à l'usage des *Classes de Lettres*, nouvelle édition. 1 vol. in-16, cart. toile anglaise. . **3** fr. »

On vend séparément :

1re partie : *Géométrie plane*. 8e édition. 1 volume, cartonné toile anglaise. . . . . **1** fr. **75**

2e partie : *Géométrie dans l'espace*. 8e édition. 1 volume, cartonné toile anglaise. . . . . **1** fr. **50**

Cours de Trigonométrie à l'usage des élèves de Mathématiques élémentaires et des candidats aux écoles du gouvernement. Nouvelle édition. 1 volume in-8, broché. **5** fr. »

On vend séparément :

1re partie, à l'usage des élèves de Mathématiques élémentaires et des candidats aux écoles du gouvernement. 1 vol. **3** fr. »

2e partie, à l'usage des élèves de Mathématiques spéciales **2** fr. **50**

Éléments de Trigonométrie à l'usage des élèves de l'Enseignement secondaire moderne (classe de seconde moderne et de première sciences). 1 volume in-16, cartonné toile anglaise. . . . . **2** fr. **80**

Précis de Trigonométrie par M. Ch. Vacquant. 8e édition. 1 volume in-16, cartonné toile anglaise. . . . . . . **1** fr. **80**

58158. — Imprimerie Lahure, rue de Fleurus, 9, à Paris.

www.ingramcontent.com/pod-product-compliance
Ingram Content Group UK Ltd.
Pitfield, Milton Keynes, MK11 3LW, UK
UKHW012025240726
13965UKWH00002B/586